微分積分入門

榊　真　著

学術図書出版社

まえがき

　自然現象や社会現象を数理的に扱うときに，微分積分学を土台とした解析的な手法が広く用いられている．本書はその入門書である．

　高校のカリキュラムの変更，大学改革などのさまざまな状況の変化に伴い，大学における数学の基礎教育に対しても変化が求められている．そのような状況の中で，高校の微積分の復習から始まり，多変数関数の微積分まで到達するような本が必要となり，本書が作られることになった．

　構成は以下の通りである．第1章，第2章では1変数関数の微積分を扱い，高校の微積分の復習と発展を行う．第3章，第4章では多変数関数（特に2変数，3変数関数）の微積分を扱い，極値問題や体積，曲面積などへの応用を考える．第5章では，1変数の微分方程式の解法について学ぶ．第6章では，数列の極限と級数の収束発散について学ぶ．

　式の意味を理解し計算ができるようになることを目標としたので，理論的な厳密さは説明に必要な最小限のものにとどめた．もちろん，理論的な厳密さなしに直感的に理解できることには限界があるので，本書はあくまでも「入門」であることを強調しておきたい．

　本文中の問は，どれも基本的なものばかりである．類似問題はいくらでも作ることができるので，与えられた問題だけにとどまらず，積極的に本書を活用してもらえれば幸いである．

　最後に，本書の出版にあたって終始お世話になりました，学術図書出版社の高橋秀治氏に感謝申し上げます．

1998 年 12 月

榊　　真

目　次

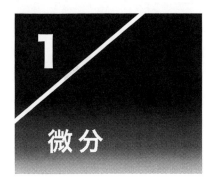

微分

1.1 関数の極限

関数 $f(x)$ について，変数 x が a 以外の値をとりながら a に近づくときに，$f(x)$ の値がある一定の値 α に限りなく近づくことを，$x \to a$ のとき $f(x)$ は α に収束するという．これを

$$\lim_{x \to a} f(x) = \alpha \quad \text{または，} \quad x \to a \text{ のとき } f(x) \to \alpha$$

と表し，α を $x \to a$ のときの $f(x)$ の極限（値）という．収束しないことを発散するという．

例 1. (1) $\displaystyle\lim_{x \to 0} x^2 = 0$ (2) $\displaystyle\lim_{x \to 2} \frac{2x-1}{x^2+1} = \frac{3}{5}$ (3) $\displaystyle\lim_{x \to 0} \frac{x}{x} = 1$

$x \to a$ のときに $f(x)$ の値が限りなく大きくなることを

$$\lim_{x \to a} f(x) = \infty \quad \text{または，} \quad x \to a \text{ のとき } f(x) \to \infty$$

と表し，$x \to a$ のとき $f(x)$ は正の無限大に発散するという．また $x \to a$ のときに $f(x)$ の値が負で絶対値が限りなく大きくなることを

$$\lim_{x \to a} f(x) = -\infty \quad \text{または，} \quad x \to a \text{ のとき } f(x) \to -\infty$$

と表し，$x \to a$ のとき $f(x)$ は負の無限大に発散するという．

例2.　(1) $\displaystyle\lim_{x\to 0}\frac{1}{x^2}=\infty$　　(2) $\displaystyle\lim_{x\to 0}\log_2|x|=-\infty$

　x が限りなく大きくなることを $x\to\infty$ と表し，x が負で絶対値が限りなく大きくなることを $x\to-\infty$ と表す．この場合の極限も同様に考えることができる．

例3.　(1) $\displaystyle\lim_{x\to\infty}\frac{1}{x}=0$　　(2) $\displaystyle\lim_{x\to-\infty}2^{-x}=\infty$

　極限が存在しない例として

例4.　(1) $x\to\infty$ のとき $\sin x$ の極限は存在しない．
(2) $x\to 0$ のとき $\dfrac{1}{x}$ の極限は存在しない．

　上の例の (2) について，x が $x>0$ の範囲で0に近づくときには $\dfrac{1}{x}\to\infty$ であり，x が $x<0$ の範囲で0に近づくときには $\dfrac{1}{x}\to-\infty$ である．そこで x が

$$x>a の範囲で a に近づくとき，x\to a+0$$
$$x<a の範囲で a に近づくとき，x\to a-0$$

と表すことにする．特に $a=0$ の場合には，$x\to+0, x\to-0$ と表す．この記号を用いると

例5.　(1) $\displaystyle\lim_{x\to+0}\frac{1}{x}=\infty$　　(2) $\displaystyle\lim_{x\to-0}\frac{1}{x}=-\infty$

　関数の極限について次のことが成り立つ．

定理1. $\lim\limits_{x\to a} f(x) = \alpha,\ \lim\limits_{x\to a} g(x) = \beta$ のとき,

(1) $\lim\limits_{x\to a} kf(x) = k\alpha$ (k は定数)

(2) $\lim\limits_{x\to a}\{f(x) + g(x)\} = \alpha + \beta$

(3) $\lim\limits_{x\to a} f(x)g(x) = \alpha\beta$

(4) $\beta \neq 0$ のとき, $\lim\limits_{x\to a} \dfrac{f(x)}{g(x)} = \dfrac{\alpha}{\beta}$

定理2. (1) $f(x) \leq g(x)$ であり $\lim\limits_{x\to a} f(x) = \alpha,\ \lim\limits_{x\to a} g(x) = \beta$ ならば, $\alpha \leq \beta$

(2) $f(x) \leq h(x) \leq g(x)$ であり $\lim\limits_{x\to a} f(x) = \lim\limits_{x\to a} g(x) = \alpha$ ならば, $\lim\limits_{x\to a} h(x) = \alpha$

(3) $f(x) \geq g(x)$ であり $\lim\limits_{x\to a} g(x) = \infty$ ならば, $\lim\limits_{x\to a} f(x) = \infty$

(4) $f(x) \leq g(x)$ であり $\lim\limits_{x\to a} g(x) = -\infty$ ならば, $\lim\limits_{x\to a} f(x) = -\infty$

注. これらの定理は $x \to \infty$, $x \to -\infty$ のときも成り立つ.

例6. $\lim\limits_{x\to\infty} \dfrac{\sin x}{x} = 0$

証明. $0 \leq |\sin x| \leq 1$ から $0 \leq \left|\dfrac{\sin x}{x}\right| \leq \dfrac{1}{|x|}$ である. ここで, $\lim\limits_{x\to\infty} \dfrac{1}{|x|} = 0$ だから $\lim\limits_{x\to\infty} \left|\dfrac{\sin x}{x}\right| = 0$

1.2 連続関数

$f(x)$ の定義域に属する a に対して

$$\lim_{x\to a} f(x) = f(a)$$

が成り立つとき, $f(x)$ は a で連続であるという. また, $f(x)$ がある区間のすべての x で連続であるとき, $f(x)$ はその区間で連続であるという.

例7. $x^2 - 2$, $\cos x$, 2^x は，すべての x で連続である．

極限の性質から，連続性について次のことが成り立つ．

定理3. $f(x)$, $g(x)$ が a で連続ならば

$$kf(x), \quad f(x) + g(x), \quad f(x)g(x), \quad \frac{f(x)}{g(x)}$$

も a で連続である．ただし k は定数であり，商では $g(a) \neq 0$ とする．

区間 $\{x \mid a \leq x \leq b\}$ を閉区間，$\{x \mid a < x < b\}$ を開区間といい，それぞれ $[a, b]$, (a, b) と表す．また

$$[a, b) = \{x \mid a \leq x < b\}, \quad (a, b] = \{x \mid a < x \leq b\}$$

などと表す．

$f(x) = x^2$ は連続であり，閉区間 $[-1, 2]$ で考えると，$x = 2$ で最大値 4，$x = 0$ で最小値 0 となる．しかし開区間 $(0, 1)$ で考えると，$f(x)$ には最大値も最小値も存在しない．一般に次のことが成り立つ．

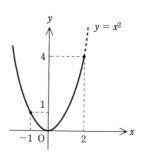

定理4. 閉区間で連続な関数は，その閉区間で最大値および最小値をとる．

$f(x)$ が閉区間 $[a,b]$ で連続ならば, $y = f(x)$ のグラフは, 点 $(a, f(a))$ から点 $(b, f(b))$ まで切れ目なくつながっている. このことから次の定理が成り立つ.

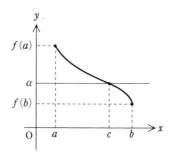

定理 5（中間値の定理）. $f(x)$ が閉区間 $[a,b]$ で連続であり, $f(a) \neq f(b)$ とする. このとき $f(a)$ と $f(b)$ の間の任意の数 α に対して

$$f(c) = \alpha \quad (a < c < b)$$

となる c が存在する.

例 8. 方程式 $x^3 - x - 1 = 0$ は, 開区間 $(1,2)$ 内に実数解をもつ.

証明. $f(x) = x^3 - x - 1$ とおく. $f(x)$ は閉区間 $[1,2]$ で連続であり $f(1) = -1, f(2) = 5$ なので, 中間値の定理から, $f(c) = 0$ $(1 < c < 2)$ となる c が存在する.

1.3 微分と導関数

$f(x)$ の定義域に属する a に対して, 極限

$$\lim_{h \to 0} \frac{f(a+h) - f(a)}{h} = \lim_{x \to a} \frac{f(x) - f(a)}{x - a}$$

が存在するとき，$f(x)$ は a で微分可能であるという．その極限値を $f'(a)$ と表し，$f(x)$ の a における微分係数という．$f'(a)$ は a における $f(x)$ の値の変化率を表している．$f(x)$ がある区間のすべての x で微分可能であるとき，$f(x)$ はその区間で微分可能であるという．

微分可能性と連続性に関して次のことが成り立つ．

> **定理6.** $f(x)$ が a で微分可能ならば，$f(x)$ は a で連続である．

証明.
$$\lim_{x \to a} \{f(x) - f(a)\} = \lim_{x \to a} \left\{ (x-a) \cdot \frac{f(x) - f(a)}{x - a} \right\}$$
$$= 0 \cdot f'(a) = 0$$

この定理の逆は一般には成り立たない．

例9. $f(x) = |x|$ は $x = 0$ で連続であるが
$$\lim_{h \to +0} \frac{f(0+h) - f(0)}{h} = \lim_{h \to +0} \frac{|h|}{h} = 1$$
$$\lim_{h \to -0} \frac{f(0+h) - f(0)}{h} = \lim_{h \to -0} \frac{|h|}{h} = -1$$
となり，$f'(0)$ は存在しない．

$y = f(x)$ がある区間で微分可能であるとき
$$f'(x) = \lim_{h \to 0} \frac{f(x+h) - f(x)}{h}$$
を $f(x)$ の導関数という．また，h を Δx とし，$\Delta y = f(x + \Delta x) - f(x)$ とすると
$$f'(x) = \lim_{\Delta x \to 0} \frac{\Delta y}{\Delta x} = \lim_{\Delta x \to 0} \frac{f(x + \Delta x) - f(x)}{\Delta x}$$

となる. $f'(x)$ を y', $\dfrac{dy}{dx}$, $\dfrac{df}{dx}(x)$ などとも表す. 導関数を求めることを微分するという.

例 10.(1) $f(x) = C$ （C は定数）とすると
$$f'(x) = \lim_{h \to 0} \frac{C - C}{h} = 0$$

(2) $f(x) = x^2$ とすると
$$f'(x) = \lim_{h \to 0} \frac{(x+h)^2 - x^2}{h} = \lim_{h \to 0} \frac{2xh + h^2}{h} = \lim_{h \to 0}(2x + h) = 2x$$

(3) $f(x) = \sqrt{x}$ とすると
$$\frac{\sqrt{x+h} - \sqrt{x}}{h} = \frac{(\sqrt{x+h} - \sqrt{x})(\sqrt{x+h} + \sqrt{x})}{h(\sqrt{x+h} + \sqrt{x})} = \frac{1}{\sqrt{x+h} + \sqrt{x}}$$
$$f'(x) = \lim_{h \to 0} \frac{\sqrt{x+h} - \sqrt{x}}{h} = \lim_{h \to 0} \frac{1}{\sqrt{x+h} + \sqrt{x}} = \frac{1}{2\sqrt{x}}$$

問 1. 上の例にならって微分せよ.

(1) x　　(2) x^3　　(3) $\dfrac{1}{x}$　　(4) $\dfrac{1}{\sqrt{x}}$　　(5) $\dfrac{1}{x^2 + 1}$　　(6) $\sqrt{1 - x^2}$

(7) $\dfrac{\sqrt{x}}{x + 1}$　　(8) $\sqrt[3]{x}$

命題 1. n が正の整数のとき, $(x^n)' = nx^{n-1}$

証明. 二項定理から
$$(x+h)^n = {}_nC_0 x^n + {}_nC_1 x^{n-1}h + {}_nC_2 x^{n-2}h^2 + \cdots + {}_nC_n h^n$$
$$\frac{(x+h)^n - x^n}{h} = {}_nC_1 x^{n-1} + {}_nC_2 x^{n-2}h + \cdots + {}_nC_n h^{n-1}$$
$$(x^n)' = \lim_{h \to 0} \frac{(x+h)^n - x^n}{h} = {}_nC_1 x^{n-1} = nx^{n-1}$$

定理7. $f(x)$, $g(x)$ が微分可能ならば

(1) $\{kf(x)\}' = kf'(x)$　　(k は定数)

(2) $\{f(x) + g(x)\}' = f'(x) + g'(x)$

(3) $\{f(x)g(x)\}' = f'(x)g(x) + f(x)g'(x)$

(4) $\left\{\dfrac{f(x)}{g(x)}\right\}' = \dfrac{f'(x)g(x) - f(x)g'(x)}{\{g(x)\}^2}$,　特に　$\left\{\dfrac{1}{g(x)}\right\}' = -\dfrac{g'(x)}{\{g(x)\}^2}$

証明. (1),(2) は極限の性質から成り立つ.

(3) $y = f(x)g(x)$ として

$$\Delta y = f(x+\Delta x)g(x+\Delta x) - f(x)g(x)$$
$$= \{f(x+\Delta x) - f(x)\}g(x+\Delta x) + f(x)\{g(x+\Delta x) - g(x)\}$$

よって

$$\{f(x)g(x)\}' = \lim_{\Delta x \to 0} \frac{\Delta y}{\Delta x}$$
$$= \lim_{\Delta x \to 0}\left\{\frac{f(x+\Delta x) - f(x)}{\Delta x}\cdot g(x+\Delta x) + f(x)\cdot\frac{g(x+\Delta x) - g(x)}{\Delta x}\right\}$$
$$= f'(x)g(x) + f(x)g'(x)$$

(4) $y = \dfrac{1}{g(x)}$ については

$$\Delta y = \frac{1}{g(x+\Delta x)} - \frac{1}{g(x)} = \frac{g(x) - g(x+\Delta x)}{g(x+\Delta x)g(x)}$$

よって

$$\left\{\frac{1}{g(x)}\right\}' = \lim_{\Delta x \to 0} \frac{\Delta y}{\Delta x}$$
$$= -\lim_{\Delta x \to 0}\left\{\frac{1}{g(x+\Delta x)g(x)}\cdot\frac{g(x+\Delta x) - g(x)}{\Delta x}\right\} = -\frac{g'(x)}{\{g(x)\}^2}$$

$y = \dfrac{f(x)}{g(x)}$ については

$$\left\{\frac{f(x)}{g(x)}\right\}' = \left\{f(x)\cdot\frac{1}{g(x)}\right\}' = f'(x)\cdot\frac{1}{g(x)} + f(x)\cdot\left\{\frac{1}{g(x)}\right\}'$$

$$= \frac{f'(x)}{g(x)} + f(x)\left(-\frac{g'(x)}{\{g(x)\}^2}\right) = \frac{f'(x)g(x) - f(x)g'(x)}{\{g(x)\}^2}$$

問2. 微分せよ.

(1) $\dfrac{1}{x-1}$　　(2) $\dfrac{1}{x^2+1}$　　(3) $\dfrac{x}{x^2-1}$　　(4) $\dfrac{x^2}{x^3+1}$

命題2. n が整数のとき, $(x^n)' = nx^{n-1}$

証明. (1) $n = 0$ のときは, 例10(1) から成り立つ.

(2) n が正の整数のときは, 命題1から成り立つ.

(3) n が負の整数のときは, $n = -m$ とおくと m は正の整数であり

$$(x^n)' = (x^{-m})' = \left(\frac{1}{x^m}\right)' = -\frac{mx^{m-1}}{x^{2m}}$$

$$= -mx^{-m-1} = nx^{n-1}$$

定理8. $y = f(u), u = g(x)$ が微分可能ならば, 合成関数 $y = f(g(x))$ の導関数は

$$\frac{dy}{dx} = \frac{dy}{du} \cdot \frac{du}{dx}$$

証明. $u = g(x)$, $\Delta u = g(x + \Delta x) - g(x)$, $\Delta y = f(u + \Delta u) - f(u)$ とおくと, $\Delta x \to 0$ のとき $\Delta u \to 0$ だから

$$\frac{dy}{dx} = \lim_{\Delta x \to 0} \frac{\Delta y}{\Delta x} = \lim_{\Delta x \to 0}\left(\frac{\Delta y}{\Delta u} \cdot \frac{\Delta u}{\Delta x}\right)$$

$$= \lim_{\Delta u \to 0} \frac{\Delta y}{\Delta u} \cdot \lim_{\Delta x \to 0} \frac{\Delta u}{\Delta x} = \frac{dy}{du} \cdot \frac{du}{dx}$$

例11. $y = (x^2 + 1)^3$ は $y = u^3$, $u = x^2 + 1$ の合成関数だから

$$\frac{dy}{dx} = \frac{dy}{du} \cdot \frac{du}{dx} = 3u^2 \cdot 2x = 6x(x^2 + 1)^2$$

問 3. 微分せよ.

(1) $(2x+1)^4$ (2) $(x^2-x+1)^3$ (3) $(x-1)^5(x+2)^6$ (4) $\dfrac{x^3}{(x^2+1)^4}$

命題 3. r が有理数のとき, $(x^r)' = rx^{r-1}$

証明. $r = \dfrac{n}{m}$ (m は正の整数, n は整数) と書けるので, $y = x^r = x^{\frac{n}{m}}$ を m 乗して

$$y^m = x^n$$

両辺を x で微分して

$$my^{m-1}y' = nx^{n-1}$$

$$y' = \frac{nx^{n-1}}{my^{m-1}} = \frac{nx^{n-1}}{m\left(x^{\frac{n}{m}}\right)^{m-1}} = \frac{n}{m}x^{\frac{n}{m}-1} = rx^{r-1}$$

問 4. 微分せよ.

(1) $\sqrt{x} + \dfrac{1}{\sqrt{x}}$ (2) $\sqrt[3]{x} - \sqrt[4]{x}$ (3) $\sqrt{x^3+1}$ (4) $\dfrac{x}{\sqrt{1-x^2}}$

定理 9. $f(x)$ が微分可能であり, 定義域のすべての x で $f'(x) \neq 0$ であるとする. このとき $f(x)$ の逆関数 $f^{-1}(x)$ の導関数は

$$\{f^{-1}(x)\}' = \frac{1}{f'(f^{-1}(x))}$$

証明. $y = f^{-1}(x)$ とすると $x = f(y)$ である. また, $\Delta y = f^{-1}(x+\Delta x) - f^{-1}(x)$ とすると $\Delta x = f(y+\Delta y) - f(y)$ であり, $\Delta x \to 0$ と $\Delta y \to 0$ は同値である. だから

$$\{f^{-1}(x)\}' = \lim_{\Delta x \to 0} \frac{\Delta y}{\Delta x} = \lim_{\Delta x \to 0} \frac{1}{\Delta x/\Delta y} = \lim_{\Delta y \to 0} \frac{1}{\Delta x/\Delta y}$$

$$= \frac{1}{f'(y)} = \frac{1}{f'(f^{-1}(x))}$$

1.4 いろいろな関数の微分

1.4.1 三角関数の微分

命題 4. $\displaystyle\lim_{x \to 0} \frac{\sin x}{x} = 1$

証明. (1) $0 < x < \dfrac{\pi}{2}$ のとき

点 O を中心とする半径 1 の円周上に $\angle \text{AOB} = x$ となる点 A, B をとる. A における円の接線と直線 OB との交点を C とする. $\triangle$OAB, 扇形 OAB, $\triangle$OAC の面積はそれぞれ

$$\frac{1}{2}\sin x, \quad \frac{1}{2}x, \quad \frac{1}{2}\tan x$$

であり, 面積の大小関係から

$$\sin x < x < \tan x$$

が成り立つ. $\sin x > 0$ だから

$$1 < \frac{x}{\sin x} < \frac{1}{\cos x}$$

$$\cos x < \frac{\sin x}{x} < 1$$

$\displaystyle\lim_{x \to 0} \cos x = 1$ だから

$$\lim_{x \to +0} \frac{\sin x}{x} = 1$$

(2) $-\dfrac{\pi}{2} < x < 0$ のとき

$x = -t$ とおくと

$$\lim_{x \to -0} \frac{\sin x}{x} = \lim_{t \to +0} \frac{\sin(-t)}{-t} = \lim_{t \to +0} \frac{\sin t}{t} = 1$$

> **命題 5.**(1) $(\sin x)' = \cos x$　(2) $(\cos x)' = -\sin x$
>
> (3) $(\tan x)' = \dfrac{1}{\cos^2 x}$

証明. (1) $y = \sin x$ として

$$\Delta y = \sin(x + \Delta x) - \sin x = \sin x \cos \Delta x + \cos x \sin \Delta x - \sin x$$

$$= \sin x(\cos \Delta x - 1) + \cos x \sin \Delta x$$

$$\frac{\Delta y}{\Delta x} = -\sin x \cdot \frac{1 - \cos \Delta x}{\Delta x} + \cos x \cdot \frac{\sin \Delta x}{\Delta x}$$

ここで命題4と

$$\lim_{\Delta x \to 0} \frac{1 - \cos \Delta x}{\Delta x} = \lim_{\Delta x \to 0} \frac{(1 - \cos \Delta x)(1 + \cos \Delta x)}{\Delta x(1 + \cos \Delta x)}$$

$$= \lim_{\Delta x \to 0} \left(\frac{\sin \Delta x}{\Delta x} \cdot \frac{\sin \Delta x}{1 + \cos \Delta x} \right) = 0$$

から

$$(\sin x)' = \lim_{\Delta x \to 0} \frac{\Delta y}{\Delta x} = \cos x$$

(2) $(\cos x)' = \left\{ \sin \left(x + \dfrac{\pi}{2} \right) \right\}' = \cos \left(x + \dfrac{\pi}{2} \right) = -\sin x$

(3) $(\tan x)' = \left(\dfrac{\sin x}{\cos x} \right)' = \dfrac{(\sin x)' \cos x - \sin x(\cos x)'}{\cos^2 x} = \dfrac{1}{\cos^2 x}$

問 5. 微分せよ.

(1) $\sin x \cos x$　　(2) $\sin 5x + \cos(x^2)$　　(3) $\sin^2 x + \cos^3 x$　　(4) $\dfrac{\cos x}{\sin x}$

(5) $\dfrac{\sin x}{2 + \cos x}$

1.4.2　対数関数と指数関数の微分

> **命題 6.** $x \to 0$ のとき $(1 + x)^{\frac{1}{x}}$ は収束する.

証明. 第6章6.1節の命題3と4で行う.

$\lim_{x \to 0}(1+x)^{\frac{1}{x}}$ の値を $e\,(=2.71...)$ と表す. e を底とする対数 $\log_e x$ を x の自然対数といい, e を省略して $\log x$ と表す.

命題7.(1) $(\log_a x)' = \dfrac{1}{x \log a}$, 特に $(\log x)' = \dfrac{1}{x}$

(2) $(\log|x|)' = \dfrac{1}{x}$

証明. (1) $y = \log_a x$ として

$$\Delta y = \log_a(x + \Delta x) - \log_a x = \log_a\left(1 + \frac{\Delta x}{x}\right)$$

$$(\log_a x)' = \lim_{\Delta x \to 0}\frac{\Delta y}{\Delta x} = \lim_{\Delta x \to 0}\left\{\frac{1}{\Delta x}\log_a\left(1 + \frac{\Delta x}{x}\right)\right\}$$

$\dfrac{\Delta x}{x} = t$ とおくと

$$(\log_a x)' = \lim_{t \to 0}\left\{\frac{1}{xt}\log_a(1 + t)\right\} = \frac{1}{x}\lim_{t \to 0}\log_a(1 + t)^{\frac{1}{t}}$$

$$= \frac{1}{x}\log_a e = \frac{1}{x \log a}$$

(2) $x > 0$ のとき

$$(\log|x|)' = (\log x)' = \frac{1}{x}$$

$x < 0$ のとき

$$(\log|x|)' = \{\log(-x)\}' = \frac{-1}{-x} = \frac{1}{x}$$

問6. 微分せよ.

(1) $\log(x^2 + 1) + (\log x)^2$ (2) $x(\log x - 1)$ (3) $\dfrac{x}{\log x + 1}$ (4) $\log(\cos x)$

(5) $\log(\log x)$ (6) $\log(\sqrt{x^2 + 1} + x)$

命題8. 任意の実数 α に対して, $(x^\alpha)' = \alpha x^{\alpha-1}$

証明. $y = x^\alpha$ の自然対数をとると

$$\log y = \alpha \log x$$

両辺を x で微分して

$$\frac{y'}{y} = \frac{\alpha}{x}$$

$$y' = \frac{\alpha y}{x} = \alpha x^{\alpha-1}$$

命題9. $(a^x)' = a^x \log a$, 特に $(e^x)' = e^x$

証明. $y = a^x$ の自然対数をとると

$$\log y = x \log a$$

両辺を x で微分して

$$\frac{y'}{y} = \log a$$

$$y' = y \log a = a^x \log a$$

問7. 微分せよ.

(1) $e^{3x} + e^{-2x}$ (2) $e^{-x^2} + e^{-\frac{1}{x}}$ (3) $\dfrac{e^x}{e^{2x}+1}$ (4) x^x

1.4.3　逆三角関数の微分

　$f(x) = \sin x$ の定義域を $\left[-\dfrac{\pi}{2}, \dfrac{\pi}{2}\right]$ に限定すると, 逆関数 $f^{-1}(x) = \sin^{-1} x$ $(-1 \leq x \leq 1)$ が存在する. これを逆正弦関数という.

　$f(x) = \cos x$ の定義域を $[0, \pi]$ に限定すると, 逆関数 $f^{-1}(x) = \cos^{-1} x$ $(-1 \leq x \leq 1)$ が存在する. これを逆余弦関数という.

　$f(x) = \tan x$ の定義域を $\left(-\dfrac{\pi}{2}, \dfrac{\pi}{2}\right)$ に限定すると, 逆関数 $f^{-1}(x) =$

$\tan^{-1} x$ $(-\infty < x < \infty)$ が存在する.これを逆正接関数という.

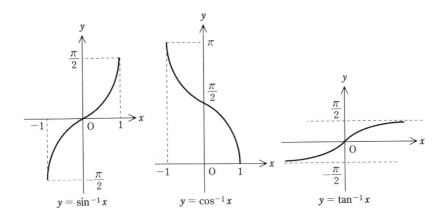

$y = \sin^{-1} x$　　　　　$y = \cos^{-1} x$　　　　　$y = \tan^{-1} x$

例 12.　(1) $\sin^{-1}\dfrac{1}{2} = \dfrac{\pi}{6}$　　　(2) $\cos^{-1}\dfrac{1}{\sqrt{2}} = \dfrac{\pi}{4}$

(3) $\tan^{-1}(-\sqrt{3}) = -\dfrac{\pi}{3}$

問 8. 次の値を求めよ.

(1) $\sin^{-1}\dfrac{\sqrt{3}}{2}$　　　(2) $\cos^{-1} 0$　　　(3) $\tan^{-1} 1$

例 13. $\sin^{-1} x + \cos^{-1} x = \dfrac{\pi}{2}$

証明. $\sin^{-1} x = \alpha$, $\cos^{-1} x = \beta$ とおくと

$$\sin\alpha = x \ \left(-\frac{\pi}{2} \le \alpha \le \frac{\pi}{2}\right), \quad \cos\beta = x \ (0 \le \beta \le \pi)$$

だから

$$\sin\alpha = \cos\beta = \sin\left(\frac{\pi}{2} - \beta\right) \ \left(-\frac{\pi}{2} \le \frac{\pi}{2} - \beta \le \frac{\pi}{2}\right)$$

よって, $\alpha = \dfrac{\pi}{2} - \beta$, $\alpha + \beta = \dfrac{\pi}{2}$

問 9. 次の等式を示せ.

(1) $\cos\left(\dfrac{1}{2}\cos^{-1} x\right) = \sqrt{\dfrac{1+x}{2}}$　　　(2) $\sin\left(\dfrac{1}{2}\cos^{-1} x\right) = \sqrt{\dfrac{1-x}{2}}$

(3) $\tan^{-1}\dfrac{1}{2}+\tan^{-1}\dfrac{1}{3}=\dfrac{\pi}{4}$

(4) $x>0$ のとき，$\tan^{-1}x+\tan^{-1}\dfrac{1}{x}=\dfrac{\pi}{2}$

命題 10.(1) $(\sin^{-1}x)'=\dfrac{1}{\sqrt{1-x^2}}$ $(|x|<1)$

(2) $(\cos^{-1}x)'=-\dfrac{1}{\sqrt{1-x^2}}$ $(|x|<1)$

(3) $(\tan^{-1}x)'=\dfrac{1}{1+x^2}$

証明. (1) $f(x)=\sin x$ とすると $f^{-1}(x)=\sin^{-1}x$，$f'(x)=\cos x$ である．逆関数の微分の公式から

$$(\sin^{-1}x)'=\frac{1}{\cos(\sin^{-1}x)}=\frac{1}{\sqrt{1-\sin^2(\sin^{-1}x)}}=\frac{1}{\sqrt{1-x^2}}$$

(2) $(\cos x)'=-\sin x$ だから，(1) と同様にして

$$(\cos^{-1}x)'=-\frac{1}{\sin(\cos^{-1}x)}=-\frac{1}{\sqrt{1-\cos^2(\cos^{-1}x)}}=-\frac{1}{\sqrt{1-x^2}}$$

(3) $(\tan x)'=\dfrac{1}{\cos^2 x}$ だから

$$(\tan^{-1}x)'=\cos^2(\tan^{-1}x)=\frac{1}{1+\tan^2(\tan^{-1}x)}=\frac{1}{1+x^2}$$

問 10. 微分せよ．$(a>0)$

(1) $\sin^{-1}\dfrac{x}{a}$ (2) $\dfrac{1}{a}\tan^{-1}\dfrac{x}{a}$ (3) $\sin^{-1}(\sqrt{1-x^2})$ (4) $\tan^{-1}(\sqrt{x^2-1})$

1.5　関数の増減と極値

> **定理10（ロルの定理）.** $f(x)$ が $[a,b]$ で連続, (a,b) で微分可能であり, $f(a) = f(b)$ であるとする. このとき
> $$f'(c) = 0 \quad (a < c < b)$$
> となる c が存在する.

証明. (1) $f(x)$ が一定のときは, (a,b) 内のすべての c について $f'(c) = 0$.
(2) $f(x)$ が一定でないとする. $f(x)$ は $[a,b]$ で最大値 M と最小値 m をとる. $f(x)$ は一定でないので $M > m$ である. だから, （ア）$M \neq f(a) = f(b)$ または（イ）$m \neq f(a) = f(b)$ である.

　（ア）の場合, $f(c) = M$ となる c をとると $a < c < b$ である. $f(c) = M$ は最大値だから $f(c+h) \leq f(c)$ であるので

$$h > 0 \text{のとき} \quad \frac{f(c+h) - f(c)}{h} \leq 0$$

$$h < 0 \text{のとき} \quad \frac{f(c+h) - f(c)}{h} \geq 0$$

よって

$$0 \leq \lim_{h \to -0} \frac{f(c+h) - f(c)}{h} = f'(c) = \lim_{h \to +0} \frac{f(c+h) - f(c)}{h} \leq 0$$

だから, $f'(c) = 0$ となる.（イ）の場合も同様.

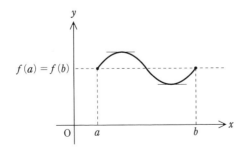

定理11（平均値の定理）. $f(x)$ が $[a,b]$ で連続, (a,b) で微分可能であるとき

$$f(b) - f(a) = f'(c)(b-a) \quad (a < c < b)$$

となる c が存在する.

証明.

$$F(x) = f(x) - f(a) - \frac{f(b) - f(a)}{b-a}(x-a)$$

とおくと $F(a) = F(b) = 0$ である. ロルの定理から $F'(c) = 0 \quad (a < c < b)$ となる c が存在する.

$$F'(c) = f'(c) - \frac{f(b) - f(a)}{b-a} = 0$$

よって

$$f(b) - f(a) = f'(c)(b-a)$$

命題11. $f(x)$ が $[a,b]$ で連続, (a,b) で微分可能であるとする.

(1)(a,b) 内のすべての x で $f'(x) = 0$ ならば, $f(x)$ は $[a,b]$ で定数である.

(2)(a,b) 内のすべての x で $f'(x) > 0$ ならば, $f(x)$ は $[a,b]$ で増加する.

(3)(a,b) 内のすべての x で $f'(x) < 0$ ならば, $f(x)$ は $[a,b]$ で減少する.

証明. 平均値の定理から, $[a,b]$ 内の $x_1 < x_2$ である任意の x_1, x_2 に対して

$$f(x_2) - f(x_1) = f'(c)(x_2 - x_1) \quad (x_1 < c < x_2)$$

となる c が存在する.

(1) $f'(c) = 0$ だから $f(x_2) - f(x_1) = 0$, よって $f(x_1) = f(x_2)$

(2) $f'(c) > 0$ だから $f(x_2) - f(x_1) > 0$, よって $f(x_1) < f(x_2)$

(3) $f'(c) < 0$ だから $f(x_2) - f(x_1) < 0$, よって $f(x_1) > f(x_2)$

a を内部に含むある区間の任意の x に対して，$f(x) \leq f(a)$ であるとき，$f(x)$ は a で極大であるといい，$f(a)$ を極大値という．また，a を内部に含むある区間の任意の x に対して，$f(x) \geq f(a)$ であるとき，$f(x)$ は a で極小であるといい，$f(a)$ を極小値という．極大値と極小値をあわせて極値という．

命題12. 微分可能な関数 $f(x)$ が a で極値をとるならば，$f'(a) = 0$ である．

証明. $f(a)$ が極大値の場合，h が 0 に近いとき $f(a+h) \leq f(a)$ だから

$$h > 0 \text{のとき} \quad \frac{f(a+h) - f(a)}{h} \leq 0$$

$$h < 0 \text{のとき} \quad \frac{f(a+h) - f(a)}{h} \geq 0$$

よって

$$0 \leq \lim_{h \to -0} \frac{f(a+h) - f(a)}{h} = f'(a) = \lim_{h \to +0} \frac{f(a+h) - f(a)}{h} \leq 0$$

だから，$f'(a) = 0$ となる．$f(a)$ が極小値の場合も同様．

注. この命題の逆は一般には成り立たない．たとえば $f(x) = x^3$ とすると，$f'(x) = 3x^2$ となり $f'(0) = 0$ であるが，$x = 0$ の近くで x^3 は正負の両方の値をとるので，$f(0) = 0$ は極値ではない．

例14. $f(x) = x^3 - 3x^2$ とすると

$$f'(x) = 3x^2 - 6x = 3x(x - 2)$$

だから，$f'(0) = f'(2) = 0$ である．$x < 0$ または $x > 2$ のとき $f'(x) > 0$ だから，この範囲で $f(x)$ は増加する．$0 < x < 2$ のとき $f'(x) < 0$ だから，こ

の範囲で $f(x)$ は減少する．増減表とグラフは次のようになる．

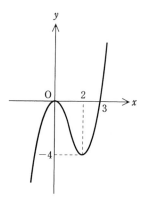

x	$\cdots$	0	$\cdots$	2	$\cdots$
$f'(x)$	+	0	−	0	+
$f(x)$	↗	0	↘	−4	↗

　　よって，$x = 0$ のとき極大値 0 をとり，$x = 2$ のとき極小値 −4 をとる．

例 15. $f(x) = xe^{-x}$ とすると

$$f'(x) = e^{-x} - xe^{-x} = (1 - x)e^{-x}$$

だから，増減表とグラフは次のようになる．

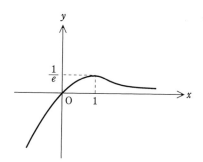

x	$\cdots$	1	$\cdots$
$f'(x)$	+	0	−
$f(x)$	↗	$\dfrac{1}{e}$	↘

　　よって，$x = 1$ のとき，極大値かつ最大値 $\dfrac{1}{e}$ をとる．

問 11. 極値を求めよ.

(1) $x^3 - 6x$　　(2) $x^4 - 8x^2$　　(3) $-x^4 + 4x^3$　　(4) $\dfrac{x}{x^2+1}$　　(5) $\dfrac{x^2}{x-1}$

(6) $x\sqrt{1-x^2}$ $(-1 \le x \le 1)$　　(7) xe^{-x^2}　(8) $x^3 e^{-x}$　(9) $\dfrac{\log x}{x}$ $(x > 0)$

(10) $2\sin x - x$ $\left(-\dfrac{\pi}{2} \le x \le \dfrac{\pi}{2}\right)$

1.6　高階微分

$y = f(x)$ の導関数 $f'(x)$ が微分可能であるとき, $f'(x)$ の導関数を 2 階導関数といい, $f''(x)$, y'', $\dfrac{d^2 y}{dx^2}$, $\dfrac{d^2 f}{dx^2}(x)$ などと表す. 一般に n 階導関数が定義され $f^{(n)}(x)$, $y^{(n)}$, $\dfrac{d^n y}{dx^n}$, $\dfrac{d^n f}{dx^n}(x)$ などと表す. $f(x)$ が連続な n 階導関数をもつとき, $f(x)$ は C^n 級であるという. また, すべての自然数 n に対して, $f(x)$ が n 階導関数をもつとき, $f(x)$ は C^∞ 級であるという.

例 16.(1) $y = x^3$ とすると

$$y' = 3x^2,\ y'' = 6x,\ y''' = 6,\ y^{(n)} = 0\ (n \ge 4)$$

(2) $y = e^x$ とすると $y^{(n)} = e^x$

問 12. n 階導関数を求めよ.

(1) e^{2x}　　(2) $\log x$　　(3) $\sin x$　　(4) $\dfrac{1}{x^2 - 1}$

問 13. 3 階導関数を求めよ.

(1) $\dfrac{1}{x^2+1}$　　(2) $\sqrt{1-x^2}$　　(3) e^{x^2}　　(4) $\sin\dfrac{1}{x}$　　(5) $\tan x$

(6) $\dfrac{1}{\log x}$

定理 12 (テーラーの定理). $f(x)$ が $[a,b]$ で n 階導関数をもつならば

$$f(b) = \sum_{k=0}^{n-1} \frac{f^{(k)}(a)}{k!}(b-a)^k + \frac{f^{(n)}(c)}{n!}(b-a)^n \quad (a < c < b)$$

となる c が存在する.

証明. A を

$$f(b) = \sum_{k=0}^{n-1} \frac{f^{(k)}(a)}{k!}(b-a)^k + \frac{A}{n!}(b-a)^n$$

で定め

$$
\begin{aligned}
F(x) &= \sum_{k=0}^{n-1} \frac{f^{(k)}(x)}{k!}(b-x)^k + \frac{A}{n!}(b-x)^n - f(b) \\
&= f(x) + \frac{f'(x)}{1!}(b-x) + \frac{f''(x)}{2!}(b-x)^2 + \cdots \\
&\quad + \frac{f^{(n-1)}(x)}{(n-1)!}(b-x)^{n-1} + \frac{A}{n!}(b-x)^n - f(b)
\end{aligned}
$$

とおくと, $F(a) = F(b) = 0$ となる. ロルの定理から $F'(c) = 0$ $(a < c < b)$ となる c が存在する.

$$F'(c) = \frac{f^{(n)}(c)}{(n-1)!}(b-c)^{n-1} - \frac{A}{(n-1)!}(b-c)^{n-1} = 0$$

よって, $A = f^{(n)}(c)$

注. (1) $f(x)$ が $[b,a]$ で n 階導関数をもつ場合も, 上の定理の式は成り立つ. ただし, $b < c < a$

(2) $c = a + \theta(b-a)$ $(0 < \theta < 1)$ と表すことができる.

例 17.(1) $f(x) = e^x$, $a = 0$, $b = x$ としてテーラーの定理を適用すると, $f^{(k)}(x) = e^x$ だから

$$e^x = \sum_{k=0}^{n-1} \frac{1}{k!}x^k + \frac{e^{\theta x}}{n!}x^n \quad (0 < \theta < 1)$$

となる θ が存在する.

(2) この式から

$$e^x > \frac{x^{n-1}}{(n-1)!} \qquad (x > 0)$$

任意の正の整数 m に対して, $n = m + 2$ として

$$e^x > \frac{x^{m+1}}{(m+1)!} \qquad (x > 0)$$

よって

$$0 < \frac{x^m}{e^x} < \frac{(m+1)!}{x} \quad (x > 0)$$

である. ここで $\lim_{x \to \infty} \dfrac{1}{x} = 0$ だから $\lim_{x \to \infty} \dfrac{x^m}{e^x} = 0$

例18. $f(x) = \sin x$, $a = 0$, $b = x$, $n = 2m$ としてテーラーの定理を適用すると

$$\sin x = \sum_{k=0}^{m-1} \frac{(-1)^k}{(2k+1)!} x^{2k+1} + \frac{(-1)^m}{(2m)!} \sin(\theta x) x^{2m} \quad (0 < \theta < 1)$$

となる θ が存在する.

例19. $f(x) = \cos x$, $a = 0$, $b = x$, $n = 2m$ としてテーラーの定理を適用すると

$$\cos x = \sum_{k=0}^{m-1} \frac{(-1)^k}{(2k)!} x^{2k} + \frac{(-1)^m}{(2m)!} \cos(\theta x) x^{2m} \quad (0 < \theta < 1)$$

となる θ が存在する.

例20. $f(x) = \log(1+x)$, $a = 0$, $b = x$ としてテーラーの定理を適用すると

$$\log(1+x) = \sum_{k=1}^{n-1} \frac{(-1)^{k-1}}{k} x^k + \frac{(-1)^{n-1}}{n(1+\theta x)^n} x^n \quad (0 < \theta < 1)$$

となる θ が存在する.

命題13. $f(x)$ が C^2 級であるとする.

(1) $f'(a) = 0$, $f''(a) > 0$ ならば, $f(x)$ は a で極小である.

(2) $f'(a) = 0$, $f''(a) < 0$ ならば, $f(x)$ は a で極大である.

証明. (1) $n = 2$ としてテーラーの定理を適用すると, $f'(a) = 0$ だから

$$f(x) = f(a) + \frac{1}{2}f''(a + \theta(x - a))(x - a)^2 \quad (0 < \theta < 1)$$

となる θ が存在する. $f''(x)$ は連続であり $f''(a) > 0$ だから, x が a に近い とき $f''(a + \theta(x - a)) > 0$ となる. だから, x が a に近く $x \neq a$ のとき, $f(x) > f(a)$ が成り立つので, $f(x)$ は a で極小である. (2) も同様.

問 14. 命題 13 を用いて, 極値を求めよ.

(1) $-2x^3 + 3x^2 + 1$ \qquad (2) $3x^4 - 4x^3 - 12x^2$ \qquad (3) $x^2 e^{-x}$

(4) $x + 2\cos x \ (0 \leq x \leq 2\pi)$ \qquad (5) $\dfrac{\log x}{x^2} \ (x > 0)$

定理 13（ライプニッツの公式）. $f(x), g(x)$ が n 階導関数をもてば

$$\{f(x)g(x)\}^{(n)} = \sum_{k=0}^{n} {}_nC_k f^{(n-k)}(x)g^{(k)}(x)$$

証明. (1) $n = 1$ のときは, 関数の積の微分の公式である.

(2) ある n のとき成り立つと仮定すると, $(n+1)$ 階導関数をもつ $f(x), g(x)$ に対して

$$\{f(x)g(x)\}^{(n+1)} = \frac{d}{dx}(\{f(x)g(x)\}^{(n)})$$

$$= \frac{d}{dx}\left\{\sum_{k=0}^{n} {}_nC_k f^{(n-k)}(x)g^{(k)}(x)\right\}$$

$$= \sum_{k=0}^{n} {}_nC_k \frac{d}{dx}\{f^{(n-k)}(x)g^{(k)}(x)\}$$

$$= \sum_{k=0}^{n} {}_nC_k \{f^{(n+1-k)}(x)g^{(k)}(x) + f^{(n-k)}(x)g^{(k+1)}(x)\}$$

$$= \sum_{k=0}^{n} {}_nC_k f^{(n+1-k)}(x)g^{(k)}(x) + \sum_{k=1}^{n+1} {}_nC_{k-1} f^{(n+1-k)}(x)g^{(k)}(x)$$

$$= f^{(n+1)}(x)g(x) + \sum_{k=1}^{n}({}_nC_k + {}_nC_{k-1})f^{(n+1-k)}(x)g^{(k)}(x) + f(x)g^{(n+1)}(x)$$

$$= \sum_{k=0}^{n+1} {}_{n+1}C_k f^{(n+1-k)}(x)g^{(k)}(x)$$

となり，$n+1$ のときも成り立つ.

よって帰納法により，すべての n について成り立つ.

問15. ライプニッツの公式を用いて，$e^{-x}\cos 2x$ の5階導関数を求めよ.

例21. $x^2 e^x$ の n 階導関数は

$$(x^2 e^x)^{(n)} = (e^x x^2)^{(n)}$$

$$= (e^x)^{(n)}x^2 + {}_nC_1(e^x)^{(n-1)} \cdot 2x + {}_nC_2(e^x)^{(n-2)} \cdot 2$$

$$= x^2 e^x + 2nxe^x + n(n-1)e^x = \{x^2 + 2nx + n(n-1)\}e^x$$

問16. n 階導関数を求めよ.
(1) $x(x-1)e^{-x}$ (2) $x^3 \sin x$

問17. $f(x) = \dfrac{1}{x^2+1}$ とする. $(x^2+1)f(x) = 1$ を n 回微分することにより，$f^{(n)}(0)$ を求めよ.

問18. $f(x) = \dfrac{1}{\sqrt{1-x^2}}$ とする.
(1) $(1-x^2)f'(x) = xf(x)$ を示せ.
(2) (1) の式を $(n-1)$ 回微分することにより，$f^{(n)}(0)$ を求めよ.

例22.

$$f(x) = \begin{cases} x^2 \sin \dfrac{1}{x} & (x > 0) \\ 0 & (x \le 0) \end{cases}$$

とする. $x > 0$ のとき

$$f'(x) = 2x \sin \frac{1}{x} - \cos \frac{1}{x}$$

であり，$x < 0$ のとき

$$f'(x) = 0$$

である．また

$$\lim_{h\to+0}\frac{f(h)-f(0)}{h}=\lim_{h\to+0}h\sin\frac{1}{h}=0$$

（例6と同様にして）と

$$\lim_{h\to-0}\frac{f(h)-f(0)}{h}=\lim_{h\to-0}\frac{0-0}{h}=0$$

から，$f'(0)=0$ である．よって，$f(x)$ は微分可能であり

$$f'(x)=\begin{cases} 2x\sin\dfrac{1}{x}-\cos\dfrac{1}{x} & (x>0)\\[2mm] 0 & (x\le0)\end{cases}$$

$\displaystyle\lim_{x\to+0}x\sin\frac{1}{x}=0$ であるが，$\displaystyle\lim_{x\to+0}\cos\frac{1}{x}$ は存在しないので，$\displaystyle\lim_{x\to+0}f'(x)$ は存在しない．よって，$f(x)$ は C^1 級ではない．

問19.

$$f(x)=\begin{cases} x^2 & (x\ge0)\\ -x^2 & (x<0)\end{cases}$$

は C^1 級であるが，2階導関数をもたないことを示せ．

問20.

$$f(x)=\begin{cases} x^4\sin\dfrac{1}{x} & (x>0)\\[2mm] 0 & (x\le0)\end{cases}$$

は2階導関数をもつが，C^2 級ではないことを示せ．

例23.

$$f(x)=\begin{cases} e^{-\frac{1}{x}} & (x>0)\\[2mm] 0 & (x\le0)\end{cases}$$

(1) $x>0$ のとき

$$f'(x)=\frac{1}{x^2}e^{-\frac{1}{x}}$$

であり，$x<0$ のとき

$$f'(x)=0$$

である．また

$$\lim_{h \to +0} \frac{f(h) - f(0)}{h} = \lim_{h \to +0} \frac{1}{h} e^{-\frac{1}{h}} = \lim_{t \to \infty} \frac{t}{e^t} = 0$$

（例 17(2) から）と

$$\lim_{h \to -0} \frac{f(h) - f(0)}{h} = \lim_{h \to -0} \frac{0 - 0}{h} = 0$$

から，$f'(0) = 0$ である．よって，$f(x)$ は微分可能であり

$$f'(x) = \begin{cases} \dfrac{1}{x^2} e^{-\frac{1}{x}} & (x > 0) \\ 0 & (x \le 0) \end{cases}$$

(2) $x > 0$ のとき

$$f''(x) = \left(-\frac{2}{x^3} + \frac{1}{x^4} \right) e^{-\frac{1}{x}}$$

であり，$x < 0$ のとき

$$f''(x) = 0$$

である．また

$$\lim_{h \to +0} \frac{f'(h) - f'(0)}{h} = \lim_{h \to +0} \frac{1}{h^3} e^{-\frac{1}{h}} = \lim_{t \to \infty} \frac{t^3}{e^t} = 0$$

（例 17(2) から）と

$$\lim_{h \to -0} \frac{f'(h) - f'(0)}{h} = \lim_{h \to -0} \frac{0 - 0}{h} = 0$$

から，$f''(0) = 0$ である．よって，$f(x)$ は 2 回導関数をもつ．

$$f''(x) = \begin{cases} \left(-\dfrac{2}{x^3} + \dfrac{1}{x^4} \right) e^{-\frac{1}{x}} & (x > 0) \\ 0 & (x \le 0) \end{cases}$$

(3) 以下，帰納的に，t に関する多項式 $P_n(t)$ が存在して

$$f^{(n)}(x) = \begin{cases} P_n \left(\dfrac{1}{x} \right) e^{-\frac{1}{x}} & (x > 0) \\ 0 & (x \le 0) \end{cases}$$

であることが予想できる．

問 21. 帰納法を用いて，上の予想を証明することにより，$f(x)$ は C^∞ 級であること
を示せ.

2

積分

2.1 不定積分

連続関数 $f(x)$ に対して

$$F'(x) = f(x)$$

となるような関数 $F(x)$ を，$f(x)$ の原始関数という．$F(x)$ が $f(x)$ の原始関数ならば，任意の定数 C に対して

$$G(x) = F(x) + C$$

も $f(x)$ の原始関数である．逆に $F(x), G(x)$ が $f(x)$ の原始関数ならば

$$G'(x) - F'(x) = f(x) - f(x) = 0$$

だから第 1 章 1.5 節の命題 11(1) から

$$G(x) - F(x) = C \quad (定数)$$

よって

$$G(x) = F(x) + C$$

以上のことから，$F(x)$ を $f(x)$ の原始関数の 1 つとすると，$f(x)$ の任意の原始関数は，C を任意定数として $F(x) + C$ の形になる．この $F(x) + C$ を $f(x)$ の不定積分といい，$\displaystyle\int f(x)dx$ と表す．C を積分定数という．

$$\int f(x)dx = F(x) + C$$

不定積分を求めることを積分するという.

　積分は微分の逆の計算だから, 第1章の導関数の公式に対応して, 次の不定積分の公式が成り立つ.

命題1.　連続関数 $f(x), g(x)$ に対して

(1) $\displaystyle\int kf(x)dx = k\int f(x)dx$　　（k は定数）

(2) $\displaystyle\int \{f(x)+g(x)\}dx = \int f(x)dx + \int g(x)dx$

命題2.　(1) $\alpha \neq -1$ のとき, $\displaystyle\int x^\alpha dx = \frac{1}{\alpha+1}x^{\alpha+1}+C$

(2) $\displaystyle\int \frac{1}{x}dx = \log|x|+C$

(3) $\displaystyle\int e^x dx = e^x + C$

(4) $\displaystyle\int \sin x\,dx = -\cos x + C$

(5) $\displaystyle\int \cos x\,dx = \sin x + C$

注. $\displaystyle\int 1\,dx$ は $\displaystyle\int dx$ と書き, $\displaystyle\int \frac{1}{x}dx$ は $\displaystyle\int \frac{dx}{x}$ とも書く.

問1. 次の不定積分を求めよ.

(1) $\displaystyle\int (1-x)(1+x^2)dx$　　(2) $\displaystyle\int \frac{(x+1)^2}{x^3}dx$　　(3) $\displaystyle\int \frac{x+1}{\sqrt{x}}dx$

(4) $\displaystyle\int (\sqrt[3]{x}-\sqrt[4]{x})dx$

　連続関数 $f(x)$ に対して $F'(x)=f(x)$ であるとき, a, b を定数とすると

$$\{F(ax+b)\}' = aF'(ax+b) = af(ax+b)$$

よって, 次のことが成り立つ.

命題 3. 連続関数 $f(x)$ に対して $F'(x) = f(x)$ であるとする．a, b が定数で $a \neq 0$ ならば

$$\int f(ax + b)dx = \frac{1}{a}F(ax + b) + C$$

問 2. 次の不定積分を求めよ．

(1) $\displaystyle\int (x - 1)^4 dx$　　　(2) $\displaystyle\int (2x + 1)^3 dx$　　　(3) $\displaystyle\int \frac{x}{x + 1}dx$

(4) $\displaystyle\int \frac{dx}{(3x - 1)^2}$　　(5) $\displaystyle\int \sqrt{1 - x}\, dx$　　(6) $\displaystyle\int \frac{dx}{\sqrt{1 - 2x}}$

(7) $\displaystyle\int (e^x - e^{-x})^2 dx$　　(8) $\displaystyle\int (\sin 2x + \cos 3x)dx$　　(9) $\displaystyle\int \sin^2 x\, dx$

(10) $\displaystyle\int \cos^4 x\, dx$

例 1. (1) $\displaystyle\int \frac{1}{x(x + 1)}dx = \int \left(\frac{1}{x} - \frac{1}{x + 1} \right) dx$

$$= \log |x| - \log |x + 1| + C = \log \left| \frac{x}{x + 1} \right| + C$$

(2) $\displaystyle\int \frac{x - 5}{x^2 - x - 2}dx$

$$\frac{x - 5}{x^2 - x - 2} = \frac{x - 5}{(x + 1)(x - 2)} = \frac{a}{x + 1} + \frac{b}{x - 2}$$

とおくと

$$x - 5 = a(x - 2) + b(x + 1) = (a + b)x + (-2a + b)$$

だから，$a + b = 1$, $-2a + b = -5$ となり，$a = 2, b = -1$ となる．よって

$$\int \frac{x - 5}{x^2 - x - 2}dx = \int \left(\frac{2}{x + 1} - \frac{1}{x - 2} \right) dx$$

$$= 2\log |x + 1| - \log |x - 2| + C = \log \frac{(x + 1)^2}{|x - 2|} + C$$

問3. 次の不定積分を求めよ.

(1) $\displaystyle \int \frac{dx}{x^2+3x+2}$　　(2) $\displaystyle \int \frac{dx}{x^2-4}$　　(3) $\displaystyle \int \frac{x^4}{x^2-1}dx$

(4) $\displaystyle \int \frac{x+1}{x^2-3x+2}dx$

問4.　(1) $\dfrac{1}{x(x+1)^2} = \dfrac{a}{x} + \dfrac{b}{x+1} + \dfrac{c}{(x+1)^2}$ となるような a,b,c を求めて,

$\displaystyle \int \frac{dx}{x(x+1)^2}$ を計算せよ.

(2) $\dfrac{1}{(x+1)^2(x-1)^2} = \dfrac{a}{x+1} + \dfrac{b}{(x+1)^2} + \dfrac{c}{x-1} + \dfrac{d}{(x-1)^2}$ となるような

a,b,c,d を求めて, $\displaystyle \int \frac{dx}{(x+1)^2(x-1)^2}$ を計算せよ.

連続関数 $f(x)$ に対して $y = \displaystyle\int f(x)dx$ とする. C^1 級関数 $g(t)$ に対して $x = g(t)$ とおくと, y は t の関数となるから

$$\frac{dy}{dt} = \frac{dy}{dx}\cdot\frac{dx}{dt} = f(x)g'(t) = f(g(t))g'(t)$$

よって

$$y = \int f(g(t))g'(t)dt$$

となり次の結果を得る.

定理1（置換積分法）.　$f(x)$ が連続で, $g(t)$ が C^1 級であるとする. $x = g(t)$ とおくと

$$\int f(x)dx = \int f(g(t))g'(t)dt$$

例2. $\displaystyle \int x(2-x)^5 dx$

$2 - x = t$ とおくと, $x = 2 - t, \dfrac{dx}{dt} = -1$ だから

$$\int x(2-x)^5 dx = \int (2-t)t^5(-1)dt = \int (t^6 - 2t^5)dt$$

$$= \frac{1}{7}t^7 - \frac{1}{3}t^6 + C = \frac{1}{7}(2-x)^7 - \frac{1}{3}(2-x)^6 + C$$

問5. 次の不定積分を求めよ.

(1) $\displaystyle\int x(2x+1)^4 dx$ 　　(2) $\displaystyle\int \frac{x^2}{(x+2)^3}dx$ 　　(3) $\displaystyle\int x\sqrt{1-x}\,dx$

(4) $\displaystyle\int \frac{x}{\sqrt[3]{x+1}}dx$

例3.(1) $\displaystyle\int x(x^2-1)^3 dx$

$x^2 - 1 = t$ とおくと $\dfrac{dt}{dx} = 2x$ だから, 置換積分法を逆に用いて

$$\int x(x^2-1)^3 dx = \frac{1}{2}\int (x^2-1)^3 \cdot 2x\,dx = \frac{1}{2}\int t^3 dt$$

$$= \frac{1}{8}t^4 + C = \frac{1}{8}(x^2-1)^4 + C$$

(2) $\displaystyle\int \sin^2 x \cos x\,dx$

$\sin x = t$ とおくと $\dfrac{dt}{dx} = \cos x$ だから

$$\int \sin^2 x \cos x\,dx = \int t^2 dt = \frac{1}{3}t^3 + C = \frac{1}{3}\sin^3 x + C$$

問6. 次の不定積分を求めよ.

(1) $\displaystyle\int x^2(x^3-1)^3 dx$ 　　(2) $\displaystyle\int \frac{x}{(x^2+1)^2}dx$ 　　(3) $\displaystyle\int \frac{x}{\sqrt{1-x^2}}dx$

(4) $\displaystyle\int xe^{-x^2}dx$ 　　(5) $\displaystyle\int \sin^3 x \cos x\,dx$ 　　(6) $\displaystyle\int \sin^3 x\,dx$

(7) $\displaystyle\int \cos^5 x\,dx$ 　　(8) $\displaystyle\int \tan x\,dx$

問 7. $\dfrac{1}{x(x^2+1)} = \dfrac{a}{x} + \dfrac{bx+c}{x^2+1}$ となるような a,b,c を求めて，$\displaystyle\int \dfrac{dx}{x(x^2+1)}$ を計算せよ.

問 8. $e^x = t$ とおくことにより，次の不定積分を求めよ.

(1) $\displaystyle\int \dfrac{dx}{e^x+1}$ 　　(2) $\displaystyle\int \dfrac{e^{3x}}{e^x+1} dx$

問 9. 次の2種類の方法で，$\displaystyle\int \dfrac{dx}{\sin x}$ を求めよ.

(1) $\dfrac{1}{\sin x} = \dfrac{\sin x}{1-\cos^2 x}$ と変形する. 　　(2) $\tan \dfrac{x}{2} = t$ とおく.

例 4. $\displaystyle\int \dfrac{dx}{\sqrt{x^2+A}}$ 　$(A \neq 0)$

　$\sqrt{x^2+A}+x = t$ とおく．$\sqrt{x^2+A} = t-x$ を2乗して x について解くと

$$x = \dfrac{t^2-A}{2t}$$

だから

$$\sqrt{x^2+A} = t-x = \dfrac{t^2+A}{2t}$$

また

$$\dfrac{dx}{dt} = \dfrac{t^2+A}{2t^2}$$

よって

$$\int \dfrac{dx}{\sqrt{x^2+A}} = \int \dfrac{2t}{t^2+A} \cdot \dfrac{t^2+A}{2t^2} dt = \int \dfrac{dt}{t}$$

$$= \log|t| + C = \log|\sqrt{x^2+A}+x| + C$$

問 10.(1) $\displaystyle\int \sqrt{x^2+A}\, dx$ 　$(A \neq 0)$ を求めよ.

(2) $\sqrt{x^2+x+1}+x = t$ とおくことにより，$\displaystyle\int \dfrac{dx}{x\sqrt{x^2+x+1}}$ を求めよ.

問 11. $\sqrt{\dfrac{x-1}{x-2}} = t$ とおくことにより，次の不定積分を求めよ.

(1) $\displaystyle\int \sqrt{\dfrac{x-1}{x-2}} dx$ 　(2) $\displaystyle\int \dfrac{dx}{\sqrt{(x-1)(x-2)}}$

$f(x), g(x)$ が C^1 級であるとすると

$$\{f(x)g(x)\}' = f'(x)g(x) + f(x)g'(x)$$

両辺を積分し，移項して，次の結果を得る．

定理 2（部分積分法）． $f(x), g(x)$ が C^1 級ならば

$$\int f(x)g'(x)dx = f(x)g(x) - \int f'(x)g(x)dx$$

例 5.(1) $\displaystyle\int xe^x dx = \int x(e^x)'dx = xe^x - \int e^x dx$

$$= xe^x - e^x + C$$

(2) $\displaystyle\int \log x\,dx = \int x' \log x\,dx = x\log x - \int x \cdot \frac{1}{x}dx$

$$= x\log x - \int dx = x\log x - x + C$$

問 12. 次の不定積分を求めよ．

(1) $\displaystyle\int xe^{2x}dx$ (2) $\displaystyle\int x\cos x\,dx$ (3) $\displaystyle\int x\sin 3x\,dx$ (4) $\displaystyle\int x\log x\,dx$

(5) $\displaystyle\int x^2 e^{-x}dx$ (6) $\displaystyle\int x^2 \cos x\,dx$ (7) $\displaystyle\int (\log x)^2 dx$

問 13. $\displaystyle\int e^x \sin x\,dx$ を求めよ．

2.2 定積分

　ある区間において，$F(x)$ が 連続関数 $f(x)$ の原始関数の 1 つであるとする．その区間の任意の a, b に対して，$F(b) - F(a)$ を $f(x)$ の a から b までの定積分といい，$\displaystyle\int_a^b f(x)dx$ と表す．a を下端，b を上端という．また $F(b) - F(a)$

を $[F(x)]_a^b$ と表す.

$$\int_a^b f(x)dx = [F(x)]_a^b = F(b) - F(a)$$

問 14. 次の定積分を求めよ.

(1) $\displaystyle\int_0^1 x^2(2-x)dx$　　(2) $\displaystyle\int_1^2 \frac{x+1}{x^2}dx$　　(3) $\displaystyle\int_0^4 \sqrt{x}dx$　　(4) $\displaystyle\int_0^3 \frac{dx}{\sqrt{x+1}}$

(5) $\displaystyle\int_0^1 (e^x + e^{-x})dx$　　(6) $\displaystyle\int_0^{\frac{\pi}{2}} (\cos x + \sin 2x)dx$　　(7) $\displaystyle\int_2^3 \frac{dx}{x(x-1)}$

　$F(x)$ を連続関数 $f(x)$ の原始関数とする. $g(t)$ が C^1 級のとき, $x = g(t)$ との合成関数 $F(g(t))$ について

$$\{F(g(t))\}' = F'(g(t))g'(t) = f(g(t))g'(t)$$

だから, $F(g(t))$ は $f(g(t))g'(t)$ の原始関数である. $a = g(\alpha), b = g(\beta)$ のとき

$$\int_\alpha^\beta f(g(t))g'(t)dt = [F(g(t))]_\alpha^\beta = F(g(\beta)) - F(g(\alpha))$$

$$= F(b) - F(a) = \int_a^b f(x)dx$$

定理3（置換積分法）.　$f(x)$ が連続で, $g(t)$ が C^1 級であるとする. $x = g(t)$ とおくと, $a = g(\alpha), b = g(\beta)$ のとき

$$\int_a^b f(x)dx = \int_\alpha^\beta f(g(t))g'(t)dt$$

例 6. $\displaystyle\int_0^1 x(1-x)^5 dx$

　$1 - x = t$ とおくと, $x = 1 - t, \dfrac{dx}{dt} = -1$ である. また, t が 1 から 0 ま

で動くときに, x は 0 から 1 まで動く. よって

$$\int_0^1 x(1-x)^5 dx = \int_1^0 (1-t)t^5(-1)dt = \int_1^0 (t^6 - t^5)dt$$

$$= \int_0^1 (t^5 - t^6)dt = \left[\frac{1}{6}t^6 - \frac{1}{7}t^7\right]_0^1 = \frac{1}{42}$$

問 15. 次の定積分を求めよ.

(1) $\displaystyle\int_0^{\frac{1}{2}} x(2x-1)^4 dx$　　(2) $\displaystyle\int_0^1 \frac{x^3}{(x+1)^2}dx$　　(3) $\displaystyle\int_0^1 \frac{x}{\sqrt{2-x}}dx$

例 7. $\displaystyle\int_{-a}^a \sqrt{a^2 - x^2}\, dx \quad (a > 0)$

$x = a\sin\theta$ とおくと $\dfrac{dx}{d\theta} = a\cos\theta$ である. また, θ が $-\dfrac{\pi}{2}$ から $\dfrac{\pi}{2}$ まで動くときに, x は $-a$ から a まで動く. $-\dfrac{\pi}{2} \leq \theta \leq \dfrac{\pi}{2}$ のとき

$$\sqrt{a^2 - x^2} = \sqrt{a^2 - a^2\sin^2\theta} = a\cos\theta$$

だから

$$\int_{-a}^a \sqrt{a^2 - x^2}dx = \int_{-\frac{\pi}{2}}^{\frac{\pi}{2}} a\cos\theta \cdot a\cos\theta\, d\theta = a^2\int_{-\frac{\pi}{2}}^{\frac{\pi}{2}} \cos^2\theta\, d\theta$$

$$= \frac{1}{2}a^2\int_{-\frac{\pi}{2}}^{\frac{\pi}{2}} (1+\cos 2\theta)d\theta = \frac{1}{2}a^2\left[\theta + \frac{1}{2}\sin 2\theta\right]_{-\frac{\pi}{2}}^{\frac{\pi}{2}} = \frac{\pi a^2}{2}$$

例 8. $\displaystyle\int_0^1 \frac{dx}{1+x^2}$

$x = \tan\theta$ とおくと $\dfrac{dx}{d\theta} = \dfrac{1}{\cos^2\theta}$ である. また, θ が 0 から $\dfrac{\pi}{4}$ まで動くときに, x は 0 から 1 まで動く.

$$\frac{1}{1+x^2} = \frac{1}{1+\tan^2\theta} = \cos^2\theta$$

だから

$$\int_0^1 \frac{dx}{1+x^2} = \int_0^{\frac{\pi}{4}} \cos^2\theta \cdot \frac{1}{\cos^2\theta} d\theta = \int_0^{\frac{\pi}{4}} d\theta = \left[\theta\right]_0^{\frac{\pi}{4}} = \frac{\pi}{4}$$

問16. 次の定積分を求めよ $(a > 0)$.

(1) $\displaystyle\int_0^{\frac{a}{\sqrt{2}}} \sqrt{a^2-x^2}\,dx$ (2) $\displaystyle\int_0^{\frac{a}{2}} \frac{dx}{\sqrt{a^2-x^2}}$ (3) $\displaystyle\int_0^{\sqrt{3}} \frac{dx}{1+x^2}$

(4) $\displaystyle\int_0^1 \frac{dx}{(1+x^2)^2}$ (5) $\displaystyle\int_0^a \frac{dx}{a^2+x^2}$

$f(x) = x^2$, $\sqrt{a^2-x^2}$, $\cos x$ のように $f(-x) = f(x)$ を満たす関数 $f(x)$ を偶関数といい, $f(x) = x^3$, $\sin x$ のように $f(-x) = -f(x)$ を満たす関数 $f(x)$ を奇関数という.

命題4.(1) $f(x)$ が連続な偶関数ならば, $\displaystyle\int_{-a}^a f(x)dx = 2\int_0^a f(x)dx$

(2) $f(x)$ が連続な奇関数ならば, $\displaystyle\int_{-a}^a f(x)dx = 0$

証明. 連続関数 $f(x)$ に対して

$$\int_{-a}^a f(x)dx = \int_{-a}^0 f(x)dx + \int_0^a f(x)dx$$

$x = -t$ とおくと

$$\int_{-a}^0 f(x)dx = \int_a^0 f(-t)(-1)dt = \int_0^a f(-t)dt$$

(1) の場合, $f(-x) = f(x)$ だから

$$\int_{-a}^0 f(x)dx = \int_0^a f(t)dt$$

(2) の場合, $f(-x) = -f(x)$ だから

$$\int_{-a}^0 f(x)dx = -\int_0^a f(t)dt$$

これらの式を最初の式に代入して, 求める結果を得る.

問17. 次の定積分を求めよ.

(1) $\displaystyle\int_{-1}^{1}(1+2x-x^2+x^3)dx$ 　　　(2) $\displaystyle\int_{-\frac{\pi}{2}}^{\frac{\pi}{2}}(\sin x+\cos x)dx$

(3) $\displaystyle\int_{-1}^{1}(1-x)\sqrt{4-x^2}\,dx$ 　　　(4) $\displaystyle\int_{-\sqrt{3}}^{\sqrt{3}}\frac{1+x}{9+x^2}\,dx$

不定積分の部分積分法の公式から, 次のことが成り立つ.

定理4 (部分積分法). $f(x),g(x)$ が C^1 級ならば
$$\int_a^b f(x)g'(x)dx=[f(x)g(x)]_a^b-\int_a^b f'(x)g(x)dx$$

問18. 次の定積分を求めよ.

(1) $\displaystyle\int_0^1 xe^{-x}dx$ 　　(2) $\displaystyle\int_1^e \log x\,dx$ 　　(3) $\displaystyle\int_0^{\pi} x\sin x\,dx$

(4) $\displaystyle\int_0^{\frac{\pi}{4}} x\cos 2x\,dx$

2.3 面積, 体積, 曲線の長さ

2.3.1 面積

連続関数 $f(x)$ が $[a,b]$ で $f(x)\geq 0$ であるとする. $[a,b]$ の範囲で, 曲線 $y=f(x)$ と x軸 の間の部分の面積 A を考える.

$a\leq x\leq b$ である x に対して, $[a,x]$ の範囲で, 曲線 $y=f(x)$ と x 軸 の間の部分の面積を $A(x)$ とする. $\Delta A=A(x+\Delta x)-A(x)$ とおく. $\Delta x>0$ のとき, $f(x)$ は連続だから, 閉区間 $[x,x+\Delta x]$ で最大値 M と最小値 m をとる. このとき
$$m\Delta x\leq \Delta A\leq M\Delta x$$

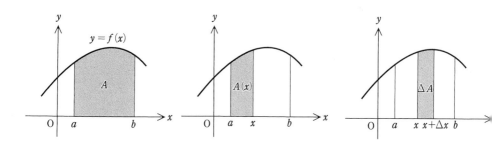

が成り立つ. $\Delta x > 0$ だから

$$m \leq \frac{\Delta A}{\Delta x} \leq M$$

この式は $\Delta x < 0$ のときも, M, m を $f(x)$ の $[x+\Delta x, x]$ における最大値, 最小値とすると成り立つ. $f(x)$ は連続だから, $\displaystyle\lim_{\Delta x \to 0} m = \lim_{\Delta x \to 0} M = f(x)$ である. よって

$$A'(x) = \lim_{\Delta x \to 0} \frac{\Delta A}{\Delta x} = f(x)$$

だから, $A(x)$ は $f(x)$ の原始関数である. よって

$$\int_a^b f(x)dx = A(b) - A(a) = A$$

命題 5. 連続関数 $f(x)$ が $[a, b]$ で $f(x) \geq 0$ であるとする. このとき $[a, b]$ の範囲で, 曲線 $y = f(x)$ と x 軸 の間の部分の面積 A は

$$A = \int_a^b f(x)dx$$

同様にして次のことが成り立つ.

命題6. 連続関数 $f(x), g(x)$ が $[a,b]$ で $f(x) \geq g(x)$ であるとする. このとき $[a,b]$ の範囲で, 2 つの曲線 $y = f(x)$, $y = g(x)$ の間の部分の面積 A は

$$A = \int_a^b \{f(x) - g(x)\}dx$$

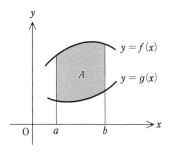

例9. 2 つの曲線 $y = x^2$, $y = x^3$ で囲まれた部分の面積 A は

$$A = \int_0^1 (x^2 - x^3)dx = \left[\frac{1}{3}x^3 - \frac{1}{4}x^4\right]_0^1 = \frac{1}{12}$$

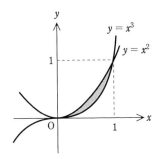

問 19. 次の曲線や直線で囲まれた部分の面積を求めよ.

(1) $y = x^2$, $y = x^4$ (2) $y = x^2$, $y = \sqrt{x}$ (3) $y = x^2 + 2x$, $y = x^3$

(4) $y = \sin x$, $y = \cos x$ $(0 \leq x \leq 2\pi)$ (5) $y = \dfrac{x+1}{x^2+1}$, $y = 1$

(6) $y = xe^{-x}$, $y = x^2 e^{-x}$

問 20. 次の曲線と x 軸で囲まれた部分の面積を求めよ.

(1) $x(x-1)(x-2)$ (2) $\dfrac{(x-1)(x-2)}{x}$ (3) $x \sin x$ $(0 \leq x \leq 2\pi)$

(4) $x \log(x+2)$

問 21. 楕円 $\dfrac{x^2}{a^2} + \dfrac{y^2}{b^2} = 1$ $(a, b > 0)$ で囲まれた部分の面積を求めよ.

問 22. 曲線 $y^2 = x^2(1 - x^2)$ で囲まれた部分の面積を求めよ.

2.3.2　体積

　ある立体が与えられたとする. 適当に直線をとり, それを x 軸とする. x 軸上の点 x を通り, x 軸に垂直な平面を Π_x とする. $a < b$ のとき, Π_a と Π_b によってはさまれた部分の立体の体積 V を考える.

　$a \leq x \leq b$ である x に対して, Π_a と Π_x によってはさまれた部分の立体の体積を $V(x)$ とする. また Π_x による立体の切り口の面積を $A(x)$ とする.

　面積の場合と同様にして, $V(x)$ は $A(x)$ の原始関数であることがわかる. よって

$$\int_a^b A(x)dx = V(b) - V(a) = V$$

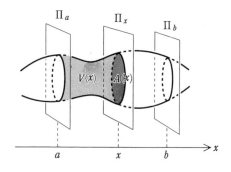

命題7. 上の状況で

$$V = \int_a^b A(x)dx$$

$f(x)$ を連続関数とする. $a < b$ のとき, 曲線 $y = f(x)$, x軸, 2直線 $x = a$, $x = b$ によって囲まれた図形を, x軸のまわりに1回転させてできる立体の体積 V を考える. x軸上の点 x を通り, x軸に垂直な平面による, 回転体の切り口の面積 $A(x)$ は

$$A(x) = \pi\{f(x)\}^2$$

である. よって, V は次の式で与えられる.

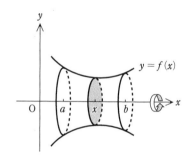

命題8. $f(x)$ を連続関数とする. $a < b$ のとき, 曲線 $y = f(x)$, x軸, 2直線 $x = a$, $x = b$ によって囲まれた図形を, x軸のまわりに1回転させてできる立体の体積 V は

$$V = \pi \int_a^b \{f(x)\}^2 dx$$

問23. 次の曲線や直線で囲まれた図形を, x軸のまわりに1回転させてできる立体の体積を求めよ.
(1) $y = x(x-1)$, x軸   (2) $y = \sqrt{x+2}$, x軸, y軸

(3) $y = 1 + \dfrac{1}{x}$, x軸, $x = 1, x = 2$　　(4) $y = e^x + e^{-x}$, x軸, $x = 1, x = -1$

(5) $y = x\sin x$ $(0 \leq x \leq \pi)$, x軸　(6) $y = \log x$, x軸, $x = e$

問 24. 半径 a の球の体積を求めよ.

問 25. 円 $x^2 + (y - 2)^2 = 1$ を x軸のまわりに1回転させてできる立体の体積を求めよ.

2.3.3　曲線の長さ

C^1 級関数 $f(t), g(t)$ に対して, 曲線

$$x = f(t), \quad y = g(t) \quad (a \leq t \leq b)$$

の長さ L を考える.

曲線上の2点 A $= (f(a), g(a))$, P $= (f(t), g(t))$ 間の弧 AP の長さを $s(t)$ とする.

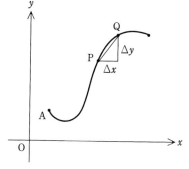

$$\Delta x = f(t + \Delta t) - f(t)$$

$$\Delta y = g(t + \Delta t) - g(t)$$

$$\Delta s = s(t + \Delta t) - s(t)$$

$$Q = (f(t + \Delta t), g(t + \Delta t))$$

とおく. $\Delta t > 0$ のとき, 弧 PQ の長さが Δs であり, 線分 PQ の長さ PQ は $\sqrt{(\Delta x)^2 + (\Delta y)^2}$ である. よって

$$\frac{\Delta s}{\Delta t} = \frac{\Delta s}{\mathrm{PQ}} \cdot \frac{\mathrm{PQ}}{\Delta t} = \frac{\Delta s}{\mathrm{PQ}} \sqrt{\left(\frac{\Delta x}{\Delta t}\right)^2 + \left(\frac{\Delta y}{\Delta t}\right)^2}$$

$\Delta t \to +0$ のとき, Δs と PQ の比は 1 に近づくと考えてよいから

$$\lim_{\Delta t \to +0} \frac{\Delta s}{\Delta t} = \sqrt{\left(\frac{dx}{dt}\right)^2 + \left(\frac{dy}{dt}\right)^2} = \sqrt{\{f'(t)\}^2 + \{g'(t)\}^2}$$

同様にして

$$\lim_{\Delta t \to -0} \frac{\Delta s}{\Delta t} = \sqrt{\{f'(t)\}^2 + \{g'(t)\}^2}$$

も成り立つ. だから

$$s'(t) = \sqrt{\{f'(t)\}^2 + \{g'(t)\}^2}$$

よって

$$\int_a^b \sqrt{\{f'(t)\}^2 + \{g'(t)\}^2}\,dt = s(b) - s(a) = L$$

命題 9. C^1 級関数 $f(t), g(t)$ に対して, 曲線 $x = f(t)$, $y = g(t)$ $(a \leq t \leq b)$ の長さ L は

$$L = \int_a^b \sqrt{\{f'(t)\}^2 + \{g'(t)\}^2}\,dt$$

問 26. 次の曲線の長さを求めよ (絵もかけ).

(1) $x = t^2$, $y = t^3$ $(-1 \leq t \leq 1)$

(2) $x = e^{-t}\cos t$, $y = e^{-t}\sin t$ $(0 \leq t \leq 6\pi)$

(3) $x = \cos^3 t$, $y = \sin^3 t$ $(0 \leq t \leq 2\pi)$

(4) $x = t\cos t$, $y = t\sin t$ $(0 \leq t \leq 8\pi)$

命題 10. C^1 級関数 $f(x)$ に対して, 曲線 $y = f(x)$ $(a \leq x \leq b)$ の長さ L は

$$L = \int_a^b \sqrt{1 + \{f'(x)\}^2}\,dx$$

証明. 曲線 $y = f(x)$ を $x = t$, $y = f(t)$ と媒介変数表示すると，命題9から

$$L = \int_a^b \sqrt{1 + \{f'(t)\}^2}dt = \int_a^b \sqrt{1 + \{f'(x)\}^2}dx$$

問27. 次の曲線の長さを求めよ.

(1) $y = \dfrac{1}{2}(e^x + e^{-x})$ 　$(0 \leq x \leq 1)$ 　　(2) $y = \dfrac{1}{8}x^2 - \log x$ 　$(1 \leq x \leq e)$

(3) $y = e^x$ 　$(0 \leq x \leq 1)$ 　　(4) $y = \log x$ 　$(1 \leq x \leq \sqrt{3})$

平面曲線の場合と同様にして，空間曲線の長さについて次が成り立つ.

命題11. C^1 級関数 $f(t), g(t), h(t)$ に対して，曲線 $x = f(t)$, $y = g(t)$, $z = h(t)$ $(a \leq t \leq b)$ の長さ L は

$$L = \int_a^b \sqrt{\{f'(t)\}^2 + \{g'(t)\}^2 + \{h'(t)\}^2}dt$$

問28. 次の曲線の長さを求めよ（絵もかけ）.

(1) $x = a\cos t$, $y = a\sin t$, $z = bt$ 　$(0 \leq t \leq 10\pi)$

(2) $x = t^2$, $y = t^2$, $z = t^3$ 　$(0 \leq t \leq 1)$

(3) $x = t$, $y = 2t$, $z = t^2$ 　$(0 \leq t \leq 1)$

2.4 　他の事項

2.4.1 　逆三角関数を用いた積分

$a > 0$ のとき

$$\left(\sin^{-1}\frac{x}{a}\right)' = \frac{1}{\sqrt{a^2 - x^2}}, \quad \left(\frac{1}{a}\tan^{-1}\frac{x}{a}\right)' = \frac{1}{a^2 + x^2}$$

だから，次のことが成り立つ.

命題 12. $a > 0$ のとき

(1) $\displaystyle \int \frac{dx}{\sqrt{a^2 - x^2}} = \sin^{-1} \frac{x}{a} + C$

(2) $\displaystyle \int \frac{dx}{a^2 + x^2} = \frac{1}{a} \tan^{-1} \frac{x}{a} + C$

問 29. 次の不定積分を求めよ.

(1) $\displaystyle \int \frac{dx}{\sqrt{2 - x^2}}$ 　　(2) $\displaystyle \int \frac{dx}{3 + x^2}$ 　　(3) $\displaystyle \int \frac{dx}{x^2 + 2x + 2}$ 　　(4) $\displaystyle \int \frac{dx}{\sqrt{2x - x^2}}$

問 30. 逆三角関数を用いて, 次の定積分を求めよ.

(1) $\displaystyle \int_0^{\frac{a}{2}} \frac{dx}{\sqrt{a^2 - x^2}}$ 　$(a > 0)$ 　　(2) $\displaystyle \int_0^1 \frac{dx}{1 + x^2}$

問 31. 次の不定積分を求めよ.

(1) $\displaystyle \int \frac{dx}{(1 + x^2)^2}$ 　　(2) $\displaystyle \int \sqrt{1 - x^2}\, dx$

問 32. $a^2 - 4b$ が正, 0, 負の場合に分けて, 次の不定積分を求めよ.

(1) $\displaystyle \int \frac{dx}{x^2 + ax + b}$ 　　(2) $\displaystyle \int \frac{x}{x^2 + ax + b}\, dx$

問 33. $\sqrt{x^2 + x - 1} + x = t$ とおくことにより, $\displaystyle \int \frac{dx}{x\sqrt{x^2 + x - 1}}$ を求めよ.

問 34. $\displaystyle \sqrt{\frac{x - 1}{2 - x}} = t$ とおくことにより, 次の不定積分を求めよ.

(1) $\displaystyle \int \sqrt{\frac{x - 1}{2 - x}}\, dx$ 　　(2) $\displaystyle \int \frac{dx}{\sqrt{(x - 1)(2 - x)}}$

2.4.2　広義積分

例10. $\dfrac{1}{\sqrt{x}}$ は $x=0$ で定義されてい

ないから，今までは $\displaystyle\int_0^1 \dfrac{dx}{\sqrt{x}}$ を考える

ことはできなかった．しかし，この積分

は，右図の影の部分の面積と考えること

ができる．そこで

$$\int_0^1 \frac{dx}{\sqrt{x}} = \lim_{t\to+0}\int_t^1 \frac{dx}{\sqrt{x}}$$

として計算する．$t>0$ のとき

$$\int_t^1 \frac{dx}{\sqrt{x}} = \left[2\sqrt{x}\right]_t^1 = 2\left(1-\sqrt{t}\right)$$

だから

$$\int_0^1 \frac{dx}{\sqrt{x}} = \lim_{t\to+0} 2\left(1-\sqrt{t}\right) = 2$$

例11. $\displaystyle\int_1^\infty \dfrac{dx}{x^2}$ を右図の影の部分の面積

と考えて

$$\int_1^\infty \frac{dx}{x^2} = \lim_{t\to\infty}\int_1^t \frac{dx}{x^2}$$

として計算する．$t>1$ のとき

$$\int_1^t \frac{dx}{x^2} = \left[-\frac{1}{x}\right]_1^t = 1-\frac{1}{t}$$

だから

$$\int_1^\infty \frac{dx}{x^2} = \lim_{t\to\infty}\left(1-\frac{1}{t}\right) = 1$$

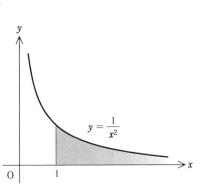

このように，関数が定義されていない点が積分する区間に存在する場合や，積分する区間が有界でない場合における積分を，広義積分という.

問35. 次の広義積分を求めよ.

(1) $\displaystyle\int_0^1 \frac{dx}{\sqrt[4]{x}}$
(2) $\displaystyle\int_1^\infty \frac{dx}{x^3}$
(3) $\displaystyle\int_0^\infty e^{-x}dx$
(4) $\displaystyle\int_0^\infty xe^{-x}dx$

(5) $\displaystyle\int_0^1 \log x\,dx$
(6) $\displaystyle\int_{-a}^a \frac{dx}{\sqrt{a^2-x^2}}$ $(a>0)$
(7) $\displaystyle\int_{-\infty}^\infty \frac{dx}{1+x^2}$

偏微分

この章では，多変数関数の微分について学ぶ．一般に n 変数関数を考えることができるが，ここでは主に2変数関数を扱うことにする．

3.1　2変数関数

xy 平面のある部分集合の各点 (x, y) に対して，実数 z を（一意的に）対応させる規則 f が与えられているとき，これを $z = f(x, y)$ と表し，2変数関数という．

例1.(1) $f(x, y) = x^2 + y^2$　　　(2) $f(x, y) = y^2$　　　(3) $f(x, y) = xy$

問1. 上の例の2変数関数のグラフをかけ．

2変数関数 $f(x, y)$ について，変数 (x, y) が (a, b) 以外の値をとりながら (a, b) に近づくときに，$f(x, y)$ の値がある一定の値 α に限りなく近づくことを，$(x, y) \to (a, b)$ のとき $f(x, y)$ は α に収束するという．これを

$$\lim_{(x,y) \to (a,b)} f(x, y) = \alpha \quad \text{または，} \quad (x, y) \to (a, b) \text{のとき} f(x, y) \to \alpha$$

と表し，α を $(x, y) \to (a, b)$ のときの $f(x, y)$ の極限（値）という．収束しないことを発散するという．

$(x, y) \to (a, b)$ のときに $f(x, y)$ の値が限りなく大きくなることを

$$\lim_{(x,y)\to(a,b)} f(x,y) = \infty \quad または, \quad (x,y) \to (a,b) \text{ のとき } f(x,y) \to \infty$$

と表し, $(x, y) \to (a, b)$ のとき $f(x, y)$ は正の無限大に発散するという. また $(x, y) \to (a, b)$ のときに $f(x, y)$ の値が負で絶対値が限りなく大きくなることを

$$\lim_{(x,y)\to(a,b)} f(x,y) = -\infty \quad または, \quad (x,y) \to (a,b) \text{ のとき } f(x,y) \to -\infty$$

と表し, $(x, y) \to (a, b)$ のとき $f(x, y)$ は負の無限大に発散するという.

例 2. (1) $\displaystyle\lim_{(x,y)\to(0,0)} (x^2 + y^2) = 0$ (2) $\displaystyle\lim_{(x,y)\to(2,3)} xy = 6$

(3) $\displaystyle\lim_{(x,y)\to(0,0)} \frac{1}{x^2 + y^2} = \infty$

例 3. $\displaystyle\lim_{(x,y)\to(0,0)} \frac{xy}{x^2 + y^2}$ は存在しない.

証明. $y = ax \ (x \neq 0)$ のとき

$$\frac{xy}{x^2 + y^2} = \frac{a}{1 + a^2}$$

だから, たとえば, 直線 $y = 0$ に沿って原点に近づけたときの極限は 0 であるが, 直線 $y = x$ に沿って原点に近づけたときの極限は $\dfrac{1}{2}$ である. よって, 極限は存在しない.

1変数関数の場合と同様に, 次のことが成り立つ.

定理1. $\lim\limits_{(x,y)\to(a,b)} f(x,y) = \alpha$,　$\lim\limits_{(x,y)\to(a,b)} g(x,y) = \beta$ のとき

(1)　$\lim\limits_{(x,y)\to(a,b)} kf(x,y) = k\alpha$　　（k は定数）

(2)　$\lim\limits_{(x,y)\to(a,b)} \{f(x,y) + g(x,y)\} = \alpha + \beta$

(3)　$\lim\limits_{(x,y)\to(a,b)} f(x,y)g(x,y) = \alpha\beta$

(4) $\beta \neq 0$ のとき, $\lim\limits_{(x,y)\to(a,b)} \dfrac{f(x,y)}{g(x,y)} = \dfrac{\alpha}{\beta}$

定理2. (1) $f(x,y) \leq g(x,y)$ であり $\lim\limits_{(x,y)\to(a,b)} f(x,y) = \alpha$,
$\lim\limits_{(x,y)\to(a,b)} g(x,y) = \beta$ ならば, $\alpha \leq \beta$

(2) $f(x,y) \leq h(x,y) \leq g(x,y)$ であり
$\lim\limits_{(x,y)\to(a,b)} f(x,y) = \lim\limits_{(x,y)\to(a,b)} g(x,y) = \alpha$
ならば, $\lim\limits_{(x,y)\to(a,b)} h(x,y) = \alpha$

(3) $f(x,y) \geq g(x,y)$ であり $\lim\limits_{(x,y)\to(a,b)} g(x,y) = \infty$ ならば,
$\lim\limits_{(x,y)\to(a,b)} f(x,y) = \infty$

(4) $f(x,y) \leq g(x,y)$ であり $\lim\limits_{(x,y)\to(a,b)} g(x,y) = -\infty$ ならば,
$\lim\limits_{(x,y)\to(a,b)} f(x,y) = -\infty$

例4. $\lim\limits_{(x,y)\to(0,0)} \dfrac{xy^2}{x^2+y^2} = 0$

証明. $0 \leq \dfrac{|x|y^2}{x^2+y^2} \leq \dfrac{|x|(x^2+y^2)}{x^2+y^2} = |x|$ であり $\lim\limits_{(x,y)\to(0,0)} |x| = 0$ だから,
$\lim\limits_{(x,y)\to(0,0)} \dfrac{|x|y^2}{x^2+y^2} = 0$

問2. 次の極限を求めよ.

(1) $\lim\limits_{(x,y)\to(0,0)} y\sin\dfrac{1}{\sqrt{x^2+y^2}}$　　(2) $\lim\limits_{(x,y)\to(0,0)} \dfrac{xy}{\sqrt{x^2+y^2}}$

$f(x,y)$ の定義域に属する (a,b) に対して

$$\lim_{(x,y)\to(a,b)} f(x,y) = f(a,b)$$

が成り立つとき, $f(x,y)$ は (a,b) で連続であるという. また $f(x,y)$ が定義域のすべての (x,y) で連続であるとき, $f(x,y)$ はその定義域で連続であるという.

例5. 例1の関数は, すべての (x,y) で連続である.

定理3. $f(x,y), g(x,y)$ が (a,b) で連続ならば

$$kf(x,y), \quad f(x,y)+g(x,y), \quad f(x,y)g(x,y), \quad \frac{f(x,y)}{g(x,y)}$$

も (a,b) で連続である. ただし k は定数であり, 商では $g(a,b) \neq 0$ とする.

3.2 偏微分と偏導関数

$f(x,y)$ の定義域に属する (a,b) に対して, 極限

$$\lim_{h\to 0} \frac{f(a+h,b) - f(a,b)}{h}$$

が存在するとき, $f(x,y)$ は (a,b) で x について偏微分可能であるという. その極限値を $\frac{\partial f}{\partial x}(a,b)$ または $f_x(a,b)$ と表し, $f(x,y)$ の (a,b) における x に関する偏微分係数という. 同様に, 極限

$$\lim_{k\to 0} \frac{f(a,b+k) - f(a,b)}{k}$$

が存在するとき, $f(x,y)$ は (a,b) で y について偏微分可能であるという. その極限値を $\frac{\partial f}{\partial y}(a,b)$ または $f_y(a,b)$ と表し, $f(x,y)$ の (a,b) における y に関する偏微分係数という.

$f(x,y)$ が定義域のすべての点 (x,y) で, x について偏微分可能であるとき, $\frac{\partial f}{\partial x}(x,y)$ または $f_x(x,y)$ を, $f(x,y)$ の x に関する偏導関数という. y に関す

る偏導関数 $\dfrac{\partial f}{\partial y}(x,y)$ または $f_y(x,y)$ も同様に定義される．偏導関数を求めることを偏微分するという．

$f(x,y)$ の y を定数だと思い，x だけの1変数関数だと考えて微分したのが，$f_x(x,y)$ である．また $f(x,y)$ の x を定数だと思い，y だけの1変数関数だと考えて微分したのが，$f_y(x,y)$ である．

例6.(1) $f(x,y) = x^2 + y^2$ とすると，$f_x(x,y) = 2x,\ \ f_y(x,y) = 2y$

(2) $f(x,y) = xy$ とすると，$f_x(x,y) = y,\ \ f_y(x,y) = x$

$f(x,y)$ の偏導関数 $\dfrac{\partial f}{\partial x}(x,y), \dfrac{\partial f}{\partial y}(x,y)$ が偏微分可能であるとき，$\dfrac{\partial f}{\partial x}(x,y), \dfrac{\partial f}{\partial y}(x,y)$ の偏導関数を2階偏導関数といい

$$\frac{\partial^2 f}{\partial x^2} = \frac{\partial}{\partial x}\left(\frac{\partial f}{\partial x}\right) \quad \text{または} \quad f_{xx} = (f_x)_x$$

$$\frac{\partial^2 f}{\partial y \partial x} = \frac{\partial}{\partial y}\left(\frac{\partial f}{\partial x}\right) \quad \text{または} \quad f_{xy} = (f_x)_y$$

$$\frac{\partial^2 f}{\partial x \partial y} = \frac{\partial}{\partial x}\left(\frac{\partial f}{\partial y}\right) \quad \text{または} \quad f_{yx} = (f_y)_x$$

$$\frac{\partial^2 f}{\partial y^2} = \frac{\partial}{\partial y}\left(\frac{\partial f}{\partial y}\right) \quad \text{または} \quad f_{yy} = (f_y)_y$$

などと表す．一般に n 階偏導関数が定義される．$f(x,y)$ の n 階偏導関数がすべて連続であるとき，$f(x,y)$ は C^n 級であるという．また，すべての自然数 n に対して，$f(x,y)$ が C^n 級であるとき，$f(x,y)$ は C^∞ 級であるという．

問3. 2階までの偏導関数をすべて求めよ．

(1) $x^2 y^3$　　　(2) e^{xy}　　　(3) $\log(x^2 + y^2)$　　　(4) $\sin(x^3 y^2)$

命題1. $f(x,y)$ が C^1 級ならば，$f(x,y)$ は連続である．

証明．(a,b) を $f(x,y)$ の定義域に属する任意の点とする．平均値の定理を用いて

$$f(a+h,b+k) - f(a,b) = f(a+h,b+k) - f(a,b+k) + f(a,b+k) - f(a,b)$$
$$= hf_x(a+\theta_1 h, b+k) + kf_y(a, b+\theta_2 k)$$

となる θ_1, θ_2 $(0 < \theta_1, \theta_2 < 1)$ が存在する．f_x, f_y は連続だから

$$\lim_{(h,k)\to(0,0)} \{f(a+h,b+k) - f(a,b)\} = 0 \cdot f_x(a,b) + 0 \cdot f_y(a,b) = 0$$

定理4. $f(x,y)$ が C^2 級ならば，$f_{xy} = f_{yx}$ が成り立つ．

証明．(a,b) を $f(x,y)$ の定義域に属する任意の点とする．

$$A = f(a+h,b+k) - f(a+h,b) - f(a,b+k) + f(a,b)$$

とおく．

$$\varphi(t) = f(t,b+k) - f(t,b)$$

とおいて，平均値の定理を2度用いると

$$A = \varphi(a+h) - \varphi(a) = h\varphi'(a+\theta_1 h)$$
$$= h\{f_x(a+\theta_1 h, b+k) - f_x(a+\theta_1 h, b)\}$$
$$= hkf_{xy}(a+\theta_1 h, b+\theta_2 k)$$

となる θ_1, θ_2 $(0 < \theta_1, \theta_2 < 1)$ が存在する．また

$$\psi(t) = f(a+h,t) - f(a,t)$$

とおくと，同様にして

$$A = \psi(b+k) - \psi(b) = hkf_{yx}(a+\theta_3 h, b+\theta_4 k)$$

となる θ_3, θ_4 $(0 < \theta_3, \theta_4 < 1)$ が存在する．だから

$$f_{xy}(a + \theta_1 h, b + \theta_2 k) = f_{yx}(a + \theta_3 h, b + \theta_4 k)$$

$h \to 0, k \to 0$ とすると，f_{xy}, f_{yx} の連続性から $f_{xy}(a,b) = f_{yx}(a,b)$ を得る．

例 7.

$$f(x,y) = \begin{cases} \dfrac{xy}{x^2 + y^2} & ((x,y) \neq (0,0)) \\ 0 & ((x,y) = (0,0)) \end{cases}$$

とする．$f(x,y)$ は $(x,y) \neq (0,0)$ において偏微分可能である．$(x,y) = (0,0)$ においても

$$f_x(0,0) = \lim_{h \to 0} \frac{f(h,0) - f(0,0)}{h} = \lim_{h \to 0} \frac{0 - 0}{h} = 0$$

であり，同様にして $f_y(0,0) = 0$ であるから，偏微分可能である．しかし，例 3 から $\displaystyle\lim_{(x,y) \to (0,0)} f(x,y)$ は存在しないので，$f(x,y)$ は $(0,0)$ で連続ではない．

例 8.

$$f(x,y) = \begin{cases} \dfrac{xy^3}{x^2 + y^2} & ((x,y) \neq (0,0)) \\ 0 & ((x,y) = (0,0)) \end{cases}$$

とすると

$$f_x(x,y) = \begin{cases} \dfrac{y^3}{x^2 + y^2} - \dfrac{2x^2 y^3}{(x^2 + y^2)^2} & ((x,y) \neq (0,0)) \\ 0 & ((x,y) = (0,0)) \end{cases}$$

であるから

$$f_{xy}(0,0) = \lim_{h \to 0} \frac{f_x(0,h) - f_x(0,0)}{h} = 1$$

一方

$$f_y(x,y) = \begin{cases} \dfrac{3xy^2}{x^2 + y^2} - \dfrac{2xy^4}{(x^2 + y^2)^2} & ((x,y) \neq (0,0)) \\ 0 & ((x,y) = (0,0)) \end{cases}$$

であるから

$$f_{yx}(0,0) = \lim_{h \to 0} \frac{f_y(h,0) - f_y(0,0)}{h} = 0$$

よって, $f_{xy}(0,0) \neq f_{yx}(0,0)$ である.

3.3 合成関数の偏微分

定理5. $f(u,v)$ が C^1 級であり, $u = u(x), v = v(x)$ が微分可能であるとする. このとき合成関数 $g(x) = f(u(x), v(x))$ の導関数は

$$\frac{dg}{dx} = \frac{\partial f}{\partial u} \cdot \frac{du}{dx} + \frac{\partial f}{\partial v} \cdot \frac{dv}{dx}$$

証明. $u = u(x), v = v(x)$ の定義域に属する任意の点 a をとる.

$$g(a+h) - g(a) = f(u(a+h), v(a+h)) - f(u(a), v(a))$$

$$= f(u(a+h), v(a+h)) - f(u(a), v(a+h)) + f(u(a), v(a+h)) - f(u(a), v(a))$$

ここで

$$\varphi(t) = f(t, v(a+h)), \quad \psi(t) = f(u(a), t)$$

とおくと

$$\varphi'(t) = \frac{\partial f}{\partial u}(t, v(a+h)), \quad \psi'(t) = \frac{\partial f}{\partial v}(u(a), t)$$

となる. 平均値の定理を用いて

$$g(a+h) - g(a) = \varphi(u(a+h)) - \varphi(u(a)) + \psi(v(a+h)) - \psi(v(a))$$

$$= \varphi'(c_1)\{u(a+h) - u(a)\} + \psi'(c_2)\{v(a+h) - v(a)\}$$

$$= \frac{\partial f}{\partial u}(c_1, v(a+h))\{u(a+h) - u(a)\} + \frac{\partial f}{\partial v}(u(a), c_2)\{v(a+h) - v(a)\}$$

となる

$$c_1 = u(a) + \theta_1\{u(a+h) - u(a)\} \quad (0 < \theta_1 < 1)$$

$$c_2 = v(a) + \theta_2\{v(a+h) - v(a)\} \quad (0 < \theta_2 < 1)$$

が存在する. $\dfrac{\partial f}{\partial u},\ \dfrac{\partial f}{\partial v}$ の連続性と u,v の微分可能性から

$$\frac{dg}{dx}(a) = \lim_{h\to 0}\frac{g(a+h)-g(a)}{h}$$

$$= \frac{\partial f}{\partial u}(u(a),v(a))\frac{du}{dx}(a) + \frac{\partial f}{\partial v}(u(a),v(a))\frac{dv}{dx}(a)$$

例 9. $f(u,v)$ が C^2 級であるとする. $g(x)=f(x,x^2)$ は $f(u,v)$ と $u=x,v=x^2$ の合成関数だから

$$\frac{dg}{dx}(x) = \frac{\partial f}{\partial u}(x,x^2)\frac{du}{dx}(x) + \frac{\partial f}{\partial v}(x,x^2)\frac{dv}{dx}(x)$$

$$= \frac{\partial f}{\partial u}(x,x^2) + 2x\frac{\partial f}{\partial v}(x,x^2)$$

$$\frac{d^2g}{dx^2}(x) = \frac{d}{dx}\left\{\frac{dg}{dx}(x)\right\} = \frac{d}{dx}\left\{\frac{\partial f}{\partial u}(x,x^2) + 2x\frac{\partial f}{\partial v}(x,x^2)\right\}$$

$$= \frac{d}{dx}\left\{\frac{\partial f}{\partial u}(x,x^2)\right\} + 2\frac{\partial f}{\partial v}(x,x^2) + 2x\frac{d}{dx}\left\{\frac{\partial f}{\partial v}(x,x^2)\right\}$$

$\dfrac{\partial f}{\partial u}(x,x^2)$ は $\dfrac{\partial f}{\partial u}(u,v)$ と $u=x,v=x^2$ の合成関数だから

$$\frac{d}{dx}\left\{\frac{\partial f}{\partial u}(x,x^2)\right\} = \frac{\partial^2 f}{\partial u^2}(x,x^2) + \frac{\partial^2 f}{\partial v\partial u}(x,x^2)\cdot 2x$$

同様にして

$$\frac{d}{dx}\left\{\frac{\partial f}{\partial v}(x,x^2)\right\} = \frac{\partial^2 f}{\partial u\partial v}(x,x^2) + \frac{\partial^2 f}{\partial v^2}(x,x^2)\cdot 2x$$

よって

$$\frac{d^2g}{dx^2}(x) = \frac{\partial^2 f}{\partial u^2}(x,x^2) + 4x\frac{\partial^2 f}{\partial v\partial u}(x,x^2) + 4x^2\frac{\partial^2 f}{\partial v^2}(x,x^2) + 2\frac{\partial f}{\partial v}(x,x^2)$$

問 4. 上の例の $f(u,v)$ が C^3 級であるとき, $\dfrac{d^3g}{dx^3}(x)$ を計算せよ.

例 10. $f(u,v)$ が C^2 級であるとする. $g(x,y)=f(xy^2,x^3y)$ は $f(u,v)$ と

$u = xy^2, v = x^3y$ の合成関数だから

$$\frac{\partial g}{\partial x}(x,y) = \frac{\partial f}{\partial u}(xy^2, x^3y)\frac{\partial u}{\partial x}(x,y) + \frac{\partial f}{\partial v}(xy^2, x^3y)\frac{\partial v}{\partial x}(x,y)$$

$$= y^2\frac{\partial f}{\partial u}(xy^2, x^3y) + 3x^2y\frac{\partial f}{\partial v}(xy^2, x^3y)$$

$$\frac{\partial g}{\partial y}(x,y) = \frac{\partial f}{\partial u}(xy^2, x^3y)\frac{\partial u}{\partial y}(x,y) + \frac{\partial f}{\partial v}(xy^2, x^3y)\frac{\partial v}{\partial y}(x,y)$$

$$= 2xy\frac{\partial f}{\partial u}(xy^2, x^3y) + x^3\frac{\partial f}{\partial v}(xy^2, x^3y)$$

（偏微分は1変数関数だと思って微分することなので，定理5が適用できる）

$$\frac{\partial^2 g}{\partial x^2}(x,y) = y^2\frac{\partial}{\partial x}\left\{\frac{\partial f}{\partial u}(xy^2, x^3y)\right\} + 6xy\frac{\partial f}{\partial v}(xy^2, x^3y)$$

$$+3x^2y\frac{\partial}{\partial x}\left\{\frac{\partial f}{\partial v}(xy^2, x^3y)\right\}$$

$$= y^2\left\{\frac{\partial^2 f}{\partial u^2}(xy^2, x^3y)\cdot y^2 + \frac{\partial^2 f}{\partial v\partial u}(xy^2, x^3y)\cdot 3x^2y\right\} + 6xy\frac{\partial f}{\partial v}(xy^2, x^3y)$$

$$+3x^2y\left\{\frac{\partial^2 f}{\partial u\partial v}(xy^2, x^3y)\cdot y^2 + \frac{\partial^2 f}{\partial v^2}(xy^2, x^3y)\cdot 3x^2y\right\}$$

$$= y^4\frac{\partial^2 f}{\partial u^2}(xy^2, x^3y) + 6x^2y^3\frac{\partial^2 f}{\partial v\partial u}(xy^2, x^3y) + 9x^4y^2\frac{\partial^2 f}{\partial v^2}(xy^2, x^3y)$$

$$+6xy\frac{\partial f}{\partial v}(xy^2, x^3y)$$

また

$$\frac{\partial^2 g}{\partial y\partial x}(x,y) = 2y\frac{\partial f}{\partial u}(xy^2, x^3y) + y^2\frac{\partial}{\partial y}\left\{\frac{\partial f}{\partial u}(xy^2, x^3y)\right\}$$

$$+3x^2\frac{\partial f}{\partial v}(xy^2, x^3y) + 3x^2y\frac{\partial}{\partial y}\left\{\frac{\partial f}{\partial v}(xy^2, x^3y)\right\}$$

$$= 2y\frac{\partial f}{\partial u}(xy^2, x^3y) + y^2\left\{\frac{\partial^2 f}{\partial u^2}(xy^2, x^3y)\cdot 2xy + \frac{\partial^2 f}{\partial v\partial u}(xy^2, x^3y)\cdot x^3\right\}$$

$$+3x^2\frac{\partial f}{\partial v}(xy^2, x^3y) + 3x^2y\left\{\frac{\partial^2 f}{\partial u\partial v}(xy^2, x^3y)\cdot 2xy + \frac{\partial^2 f}{\partial v^2}(xy^2, x^3y)\cdot x^3\right\}$$

$$= 2xy^3\frac{\partial^2 f}{\partial u^2}(xy^2, x^3y) + 7x^3y^2\frac{\partial^2 f}{\partial v\partial u}(xy^2, x^3y) + 3x^5y\frac{\partial^2 f}{\partial v^2}(xy^2, x^3y)$$

$$+2y\frac{\partial f}{\partial u}(xy^2, x^3y) + 3x^2\frac{\partial f}{\partial v}(xy^2, x^3y)$$

問5. 上の例について，$\dfrac{\partial^2 g}{\partial x \partial y}(x,y)$ と $\dfrac{\partial^2 g}{\partial y^2}(x,y)$ を計算せよ.

問6. $f(x,y)$ が C^2 級であるとする. $x = r\cos\theta,\ y = r\sin\theta\ (r > 0,\ -\infty < \theta < \infty)$ との合成関数 $g(r,\theta) = f(r\cos\theta, r\sin\theta)$ について次の等式を示せ（右辺から計算せよ）.

(1) $\left(\dfrac{\partial f}{\partial x}\right)^2 + \left(\dfrac{\partial f}{\partial y}\right)^2 = \left(\dfrac{\partial g}{\partial r}\right)^2 + \dfrac{1}{r^2}\left(\dfrac{\partial g}{\partial \theta}\right)^2$

(2) $\dfrac{\partial^2 f}{\partial x^2} + \dfrac{\partial^2 f}{\partial y^2} = \dfrac{\partial^2 g}{\partial r^2} + \dfrac{1}{r^2}\dfrac{\partial^2 g}{\partial \theta^2} + \dfrac{1}{r}\dfrac{\partial g}{\partial r}$

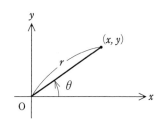

注. xy 平面上の点 (x,y) に対して

$$x = r\cos\theta,\quad y = r\sin\theta \quad (r = \sqrt{x^2 + y^2})$$

となる (r,θ) を，(x,y) の極座標という.

3.4　極値

(a,b) を内部に含む xy 平面のある部分集合の任意の点 (x,y) に対して，$f(x,y) \leq f(a,b)$ であるとき，$f(x,y)$ は (a,b) で極大であるといい，$f(a,b)$ を極大値という. また (a,b) を内部に含む xy 平面のある部分集合の任意の点 (x,y) に対して，$f(x,y) \geq f(a,b)$ であるとき，$f(x,y)$ は (a,b) で極小であるといい，$f(a,b)$ を極小値という. 極大値と極小値をあわせて極値という.

命題2. 偏微分可能な関数 $f(x,y)$ が (a,b) で極値をとるならば，$f_x(a,b) = f_y(a,b) = 0$ である.

証明. $\varphi(x) = f(x,b)$ は $x = a$ で極値をとるから $\varphi'(a) = f_x(a,b) = 0$ である. 同様に $f_y(a,b) = 0$ も成り立つ.

注. この命題の逆は一般には成り立たない. たとえば $f(x,y) = xy$ とすると $f_x(0,0) = f_y(0,0) = 0$ であるが, $(0,0)$ の近くで xy は正負の両方の値をとるので, $f(0,0) = 0$ は極値ではない.

xy 平面の部分集合 D の任意の2点を結ぶ線分が D に含まれるとき, D は凸であるという.

命題3. D を xy 平面の凸部分集合として, $f(x,y)$ を D で定義された C^2 級関数とする. D の2点 $(a,b),(a+h,b+k)$ に対して

$f(a+h,b+k) = f(a,b) + hf_x(a,b) + kf_y(a,b)$

$+\dfrac{1}{2}\{h^2 f_{xx}(a+\theta h,b+\theta k)+2hk f_{xy}(a+\theta h,b+\theta k)+k^2 f_{yy}(a+\theta h,b+\theta k)\}$

となる θ $(0 < \theta < 1)$ が存在する.

証明. $F(t) = f(a+th,b+tk)$ とおくと, 定理5から

$$F'(t) = hf_x(a+th,b+tk) + kf_y(a+th,b+tk)$$

$$F''(t) = h^2 f_{xx}(a+th,b+tk)+2hk f_{xy}(a+th,b+tk)+k^2 f_{yy}(a+th,b+tk)$$

また, テーラーの定理から

$$F(1) = F(0) + F'(0) + \frac{1}{2}F''(\theta) \quad (0 < \theta < 1)$$

となる θ が存在する. これを書き換えると求める式を得る.

定理6. $f(x,y)$ が C^2 級であり, $f_x(a,b) = f_y(a,b) = 0$ であるとする.

(1) $f_{xx}(a,b)f_{yy}(a,b) - \{f_{xy}(a,b)\}^2 > 0$, $f_{xx}(a,b) > 0$ ならば, $f(x,y)$ は (a,b) で極小である.

(2) $f_{xx}(a,b)f_{yy}(a,b) - \{f_{xy}(a,b)\}^2 > 0$, $f_{xx}(a,b) < 0$ ならば, $f(x,y)$ は (a,b) で極大である.

(3) $f_{xx}(a,b)f_{yy}(a,b) - \{f_{xy}(a,b)\}^2 < 0$ ならば, $f(x,y)$ は (a,b) で極値をとらない.

証明. 命題 3 と $f_x(a, b) = f_y(a, b) = 0$ から

$$f(a + h, b + k) - f(a, b)$$

$$= \frac{1}{2} \{ h^2 f_{xx}(a + \theta h, b + \theta k) + 2hk f_{xy}(a + \theta h, b + \theta k) + k^2 f_{yy}(a + \theta h, b + \theta k) \}$$

となる θ $(0 < \theta < 1)$ が存在する.

$$A = f_{xx}(a, b), \quad B = f_{xy}(a, b), \quad C = f_{yy}(a, b),$$

$$\alpha_1 = f_{xx}(a + \theta h, b + \theta k) - A, \quad \alpha_2 = f_{xy}(a + \theta h, b + \theta k) - B,$$

$$\alpha_3 = f_{yy}(a + \theta h, b + \theta k) - C$$

とおくと, f_{xx}, f_{xy}, f_{yy} の連続性から

$$\lim_{(h,k) \to (0,0)} \alpha_i = 0 \quad (i = 1, 2, 3)$$

ここで

$$h = r \cos \varphi, \ k = r \sin \varphi \quad (r = \sqrt{h^2 + k^2}, \ -\pi \le \varphi \le \pi)$$

とおくと

$$f(a + h, b + k) - f(a, b) = \frac{1}{2} \{ (A + \alpha_1) h^2 + 2(B + \alpha_2) hk + (C + \alpha_3) k^2 \}$$

$$= \frac{1}{2} r^2 (A \cos^2 \varphi + 2B \sin \varphi \cos \varphi + C \sin^2 \varphi)$$

$$+ \frac{1}{2} r^2 (\alpha_1 \cos^2 \varphi + 2\alpha_2 \sin \varphi \cos \varphi + \alpha_3 \sin^2 \varphi)$$

となる. また

$$F(\varphi) = A \cos^2 \varphi + 2B \sin \varphi \cos \varphi + C \sin^2 \varphi,$$

$$\beta = \alpha_1 \cos^2 \varphi + 2\alpha_2 \sin \varphi \cos \varphi + \alpha_3 \sin^2 \varphi$$

とおくと

$$f(a + h, b + k) - f(a, b) = \frac{1}{2} r^2 (F(\varphi) + \beta)$$

となる.

(1) (2) $AC - B^2 > 0$ のとき

$$AF(\varphi) = (A \cos \varphi + B \sin \varphi)^2 + (AC - B^2) \sin^2 \varphi > 0$$

$AF(\varphi)$ $(-\pi \le \varphi \le \pi)$ の最小値を $m > 0$ とすると

$$A\{f(a+h,b+k) - f(a,b)\} = \frac{1}{2}r^2(AF(\varphi) + A\beta) \ge \frac{1}{2}r^2(m + A\beta)$$

$\lim_{r\to 0}\beta = 0$ だから, r が 0 に近く $r \ne 0$ のとき

$$A\{f(a+h,b+k) - f(a,b)\} > 0$$

となり, (1) $A > 0$ のとき $f(a+h,b+k) > f(a,b)$ より, $f(x,y)$ は (a,b) で極小, (2) $A < 0$ のとき $f(a+h,b+k) < f(a,b)$ より, $f(x,y)$ は (a,b) で極大となる.

(3) $AC - B^2 < 0$ のとき

(ア) $A \ne 0$ のとき

$$AF(\varphi) = (A\cos\varphi + B\sin\varphi)^2 + (AC - B^2)\sin^2\varphi$$

$\sin\varphi = 0$ ならば $AF(\varphi) = A^2 > 0$, $A\cos\varphi + B\sin\varphi = 0$ ならば $AF(\varphi) = (AC - B^2)\sin^2\varphi < 0$ となり, $F(\varphi)$ は正負の両方の値をとる. $F(\varphi_1) > 0$, $F(\varphi_2) < 0$ $(-\pi \le \varphi_1, \varphi_2 \le \pi)$ とする. $\lim_{r\to 0}\beta = 0$ だから, r が 0 に近く $r \ne 0$ のとき

$$\frac{1}{2}r^2(F(\varphi_1) + \beta(r,\varphi_1)) > 0, \quad \frac{1}{2}r^2(F(\varphi_2) + \beta(r,\varphi_2)) < 0$$

となり, $f(a+h,b+k) - f(a,b)$ は正負の両方の値をとる. よって $f(x,y)$ は (a,b) で極値をとらない.

(イ) $A = 0$ のとき

$AC - B^2 = -B^2 < 0$ より $B \ne 0$ である. また, $F(\varphi) = 2B\sin\varphi\cos\varphi + C\sin^2\varphi$ から, $F(0) = 0$, $F'(0) = 2B \ne 0$ となり, $F(\varphi)$ は正負の両方の値をとる. よって (ア) と同様にして, $f(x,y)$ は (a,b) で極値をとらない.

例 11. $f(x,y) = x^3 + y^2 - 3xy$ とすると

$$f_x(x,y) = 3x^2 - 3y, \quad f_y(x,y) = 2y - 3x$$

だから, $f_x(a,b) = f_y(a,b) = 0$ となる点 (a,b) は, $(0,0), \left(\dfrac{3}{2}, \dfrac{9}{4}\right)$ の 2 点

である.

$$f_{xx}(x,y) = 6x, \quad f_{xy}(x,y) = -3, \quad f_{yy}(x,y) = 2$$

だから

$$f_{xx}(0,0)f_{yy}(0,0) - \{f_{xy}(0,0)\}^2 = -9 < 0$$

よって, $(0,0)$ では極値をとらない. また

$$f_{xx}\left(\frac{3}{2}, \frac{9}{4}\right) f_{yy}\left(\frac{3}{2}, \frac{9}{4}\right) - \left\{f_{xy}\left(\frac{3}{2}, \frac{9}{4}\right)\right\}^2 = 9 > 0, \quad f_{xx}\left(\frac{3}{2}, \frac{9}{4}\right) = 9 > 0$$

だから, $\left(\dfrac{3}{2}, \dfrac{9}{4}\right)$ で極小である.

問7. 極値を求めよ.

(1) $x^3 + y^3 - 3xy$　　　(2) $4xy - x^4 - y^2$　　　(3) $3x^4 - 4y^3 + 12xy$

(4) $xy + \dfrac{2}{x} - \dfrac{4}{y}$　　　(5) $xye^{-(x^2+y^2)/2}$　　　(6) $\dfrac{x+y}{x^2+y^2+2}$

(7) $xy(x^2 + y^2 - 1)$

例12.(1) $f(x,y) = (x^2+y^2)^2$ とすると

$$f_x(0,0) = f_y(0,0) = 0, \quad f_{xx}(0,0) = f_{xy}(0,0) = f_{yy}(0,0) = 0$$

だから, 定理6を適用することはできないが, $f(x,y) \geq 0$, $f(0,0) = 0$ より, $f(0,0) = 0$ は最小値かつ極小値であることがわかる.

(2) $f(x,y) = x(x^2+y^2)$ とすると

$$f_x(0,0) = f_y(0,0) = 0, \quad f_{xx}(0,0) = f_{xy}(0,0) = f_{yy}(0,0) = 0$$

だから, 定理6を適用することはできないが, $(0,0)$ の近くで正負の両方の値をとるから, $f(0,0) = 0$ は極値ではないことがわかる.

例13. $f(x,y) = \dfrac{x-y}{x^2+y^2+1}$　$(x^2+y^2 \leq 2)$ の最大最小を考える.

　最大あるいは最小になる点 (a,b) が, 内部 $(x^2+y^2 < 2)$ にある場合は $f_x(a,b) = f_y(a,b) = 0$ となるが, 境界 $(x^2+y^2 = 2)$ にある場合は必ずしもそうなるとは限らない. だから, 内部 $(x^2+y^2 < 2)$ で $f_x(a,b) = f_y(a,b) = 0$

となる点 (a,b) における値と，境界 $(x^2 + y^2 = 2)$ における最大値，最小値を
求めて比較すればよい.

$$f_x(x,y) = \frac{1 + 2xy + y^2 - x^2}{(x^2 + y^2 + 1)^2}, \quad f_y(x,y) = -\frac{1 + 2xy - y^2 + x^2}{(x^2 + y^2 + 1)^2}$$

(1) 内部 $(x^2 + y^2 < 2)$ では，$f_x(a,b) = f_y(a,b) = 0$ となる点 (a,b) を求め
ると

$$(a,b) = \left(\frac{1}{\sqrt{2}}, -\frac{1}{\sqrt{2}}\right), \quad \left(-\frac{1}{\sqrt{2}}, \frac{1}{\sqrt{2}}\right)$$

であり

$$f\left(\frac{1}{\sqrt{2}}, -\frac{1}{\sqrt{2}}\right) = \frac{1}{\sqrt{2}}, \quad f\left(-\frac{1}{\sqrt{2}}, \frac{1}{\sqrt{2}}\right) = -\frac{1}{\sqrt{2}}$$

である.

(2) 境界 $(x^2 + y^2 = 2)$ では，$x = \sqrt{2}\cos\theta, y = \sqrt{2}\sin\theta$ とおくと

$$f(\sqrt{2}\cos\theta, \sqrt{2}\sin\theta) = \frac{\sqrt{2}}{3}(\cos\theta - \sin\theta) = -\frac{2}{3}\sin\left(\theta - \frac{\pi}{4}\right)$$

だから，境界における最大値は $\dfrac{2}{3}$，最小値は $-\dfrac{2}{3}$ である.

(1),(2) から，$\left(\dfrac{1}{\sqrt{2}}, -\dfrac{1}{\sqrt{2}}\right)$ で最大値 $\dfrac{1}{\sqrt{2}}$，$\left(-\dfrac{1}{\sqrt{2}}, \dfrac{1}{\sqrt{2}}\right)$ で最小値 $-\dfrac{1}{\sqrt{2}}$
をとる.

問 8. 最大値と最小値を求めよ.

(1) $xye^{-x^2-y^2}$ $(x^2 + y^2 \leq 2)$ (2) $\dfrac{x - y}{(x^2 + y^2 + 1)^2}$ $(x^2 + y^2 \leq 1)$

(3) $xy(x^2 + y^2 - 4)$ $(x^2 + y^2 \leq 3)$ (4) $xy(x^2 + y^2 - 4)$ $(x^2 + y^2 \leq 5)$

(5) $2\sin x + 2\sin y - \sin x \sin y$ $(0 \leq x \leq 2\pi, \ 0 \leq y \leq \pi)$

3.5 条件付き極値

> **定理7（陰関数定理）.** $g(x,y)$ が C^1 級であるとする. $g(a,b)=0$ を満たす点 (a,b) で $g_y(a,b) \neq 0$ とすると, (a,b) の近くで $g(x,y)=0$ は, $y=\varphi(x)$ （φ は C^1 級）と y について解くことができる（$g(x,\varphi(x))=0$, $\varphi(a)=b$ が成り立つ）.

証明. $g_y(a,b) > 0$ のとき （$g_y(a,b) < 0$ のときも同様）g_y の連続性から, (a,b) の近くで $g_y(x,y) > 0$ である. だから x を a の近くで固定すると, $g(x,y)$ は y について, b の近く $(b-\delta, b+\delta)$ で増加する. よって

$$g(a,b-\delta) < g(a,b)(=0) < g(a,b+\delta)$$

g の連続性から, x が a に近いとき

$$g(x,b-\delta) < 0 < g(x,b+\delta)$$

中間値の定理と $g(x,y)$ の y に関する増加性から, a の近くの x に対して, $g(x,y)=0$ $(b-\delta < y < b+\delta)$ となる y がただ1つ存在する. この対応を $y=\varphi(x)$ とする. 作り方から y は x に連続的に依存するので, φ は連続である.

$y=\varphi(x)$, $\Delta y = \varphi(x+\Delta x) - \varphi(x)$ として

$$G(t) = g(x+t\Delta x, y+t\Delta y)$$

とおくと, 定理5から

$$G'(t) = g_x(x+t\Delta x, y+t\Delta y) \cdot \Delta x + g_y(x+t\Delta x, y+t\Delta y) \cdot \Delta y$$

となり, 平均値の定理から

$$G(1) = G(0) + G'(\theta) \quad (0 < \theta < 1)$$

となる θ が存在する. これを書き換えると

$g(x+\Delta x, y+\Delta y)$

$= g(x,y) + g_x(x+\theta\Delta x, y+\theta\Delta y) \cdot \Delta x + g_y(x+\theta\Delta x, y+\theta\Delta y) \cdot \Delta y$

ここで

$$g(x, y) = g(x, \varphi(x)) = 0$$

$$g(x + \Delta x, y + \Delta y) = g(x + \Delta x, \varphi(x + \Delta x)) = 0$$

を用いて

$$\frac{\Delta y}{\Delta x} = -\frac{g_x(x + \theta\Delta x, y + \theta\Delta y)}{g_y(x + \theta\Delta x, y + \theta\Delta y)}$$

φ の連続性から $\lim_{\Delta x \to 0} \Delta y = 0$ である. よって g_x, g_y の連続性から

$$\varphi'(x) = \lim_{\Delta x \to 0} \frac{\Delta y}{\Delta x} = -\frac{g_x(x, \varphi(x))}{g_y(x, \varphi(x))}$$

となり, φ は微分可能である. また g_x, g_y, φ の連続性から, φ' は連続である. よって φ は C^1 級である.

例 14. $g(x, y) = x^2 + y^2 - 1$ とすると, $g(x, y) = 0$ は原点を中心とする半径1 の円を表す. $g_y(x, y) = 2y$ だから, 円周上の $(1, 0), (-1, 0)$ 以外の点 (x, y) では $g_y(x, y) \neq 0$ である. y 座標が正である円周上の点の近くでは, $g(x, y) = 0$ は $y = \sqrt{1 - x^2}$ と y について解くことができる. また y 座標が負である円周上の点の近くでは, $g(x, y) = 0$ は $y = -\sqrt{1 - x^2}$ と y について解くことができる.

例 15. $g(x, y) = x^3 - xy + y^4 - 1$ とおくと $g(1, 0) = g(1, 1) = 0$ だから, $g(x, y) = 0$ は, 全体としては x の関数の形になっていない. しかし $g_y(x, y) = -x + 4y^3$, $g_y(1, 0) = -1 \neq 0$, $g_y(1, 1) = 3 \neq 0$ だから, 陰関数定理により, 点 $(1, 0)$, $(1, 1)$ のそれぞれの近くでは, $g(x, y) = 0$ は x の関数 $y = \varphi(x)$, $y = \psi(x)$ の形になっていることがわかる.

定理 8（ラグランジュの乗数法）. $f(x,y), g(x,y)$ が C^1 級であるとする. 条件 $g(x,y) = 0$ のもとでの $f(x,y)$ の極値を, (a,b) でとるとする. $g_x(a,b) \neq 0$ または $g_y(a,b) \neq 0$ であるとする. このとき

$$f_x(a,b) = \lambda g_x(a,b), \quad f_y(a,b) = \lambda g_y(a,b)$$

となる λ が存在する.

証明. $g_y(a,b) \neq 0$ のとき $(g_x(a,b) \neq 0$ のときも同様) 陰関数定理から, (a,b) の近くで $g(x,y) = 0$ は $y = \varphi(x)$ （φ は C^1 級) と y について解くことができ, $g(x, \varphi(x)) = 0$, $\varphi(a) = b$ が成り立つ. だから

$$0 = \frac{d}{dx}\{g(x, \varphi(x))\} = g_x(x, \varphi(x)) + g_y(x, \varphi(x)) \cdot \varphi'(x)$$

(1) $\varphi'(a) = -\dfrac{g_x(a,b)}{g_y(a,b)}$

また, $\psi(x) = f(x, \varphi(x))$ とおくと

$$\psi'(x) = \frac{d}{dx}\{f(x, \varphi(x))\} = f_x(x, \varphi(x)) + f_y(x, \varphi(x)) \cdot \varphi'(x)$$

仮定から $\psi(x) = f(x, \varphi(x))$ は $x = a$ で極値をとるから

(2) $\psi'(a) = f_x(a,b) + f_y(a,b) \cdot \varphi'(a) = 0$

(1),(2) から

(3) $f_x(a,b) = \dfrac{f_y(a,b)}{g_y(a,b)} \cdot g_x(a,b)$

ここで

(4) $\lambda = \dfrac{f_y(a,b)}{g_y(a,b)}$

とおくと (3),(4) から

$$f_x(a,b) = \lambda g_x(a,b), \quad f_y(a,b) = \lambda g_y(a,b)$$

例 16. 条件 $\dfrac{x^2}{A^2} + \dfrac{y^2}{B^2} = 1$ $(A, B > 0)$ のもとで, $x + y$ の最大最小を考える.

$x + y$ は連続だから，楕円 $\dfrac{x^2}{A^2} + \dfrac{y^2}{B^2} = 1$ を 1 周する間に，対応する $x + y$ の値は連続的に変化してもとの値にもどってくる．よって，その間に $x + y$ は最大値と最小値をとる．

$$f(x, y) = x + y, \quad g(x, y) = \frac{x^2}{A^2} + \frac{y^2}{B^2} - 1$$

とおくと

$$f_x(x, y) = 1, \quad f_y(x, y) = 1, \quad g_x(x, y) = \frac{2x}{A^2}, \quad g_y(x, y) = \frac{2y}{B^2}$$

だから $g(x, y) = 0$ のとき，$g_x(x, y) \neq 0$ または $g_y(x, y) \neq 0$ である．

条件 $g(x, y) = 0$ のもとでの $f(x, y)$ の極値を，(a, b) でとるとすると，ラグランジュの乗数法から

$$1 = \frac{2\lambda a}{A^2}, \quad 1 = \frac{2\lambda b}{B^2}$$

となる λ が存在する．この式から $\lambda \neq 0$ であり

$$a = \frac{A^2}{2\lambda}, \quad b = \frac{B^2}{2\lambda}$$

となり，これを $\dfrac{a^2}{A^2} + \dfrac{b^2}{B^2} = 1$ に代入して

$$\lambda = \pm \frac{\sqrt{A^2 + B^2}}{2}$$

よって，

$$(a, b) = \left(\frac{A^2}{\sqrt{A^2 + B^2}}, \frac{B^2}{\sqrt{A^2 + B^2}} \right), \quad \left(-\frac{A^2}{\sqrt{A^2 + B^2}}, -\frac{B^2}{\sqrt{A^2 + B^2}} \right)$$

最大最小をとる点は，この 2 点のなかにあることになる．よって，

$$\left(\frac{A^2}{\sqrt{A^2 + B^2}}, \frac{B^2}{\sqrt{A^2 + B^2}} \right)$$

で最大値 $\sqrt{A^2 + B^2}$ をとり，

$$\left(-\frac{A^2}{\sqrt{A^2 + B^2}}, -\frac{B^2}{\sqrt{A^2 + B^2}} \right)$$

で最小値 $-\sqrt{A^2 + B^2}$ をとる．

問9. ラグランジュの乗数法を用いて，次の最大最小を求めよ.

(1) 条件 $\dfrac{x^2}{A^2} + \dfrac{y^2}{B^2} = 1$ $(A, B > 0)$ のもとでの，（ア）$2x - y$, （イ）xy, の最大最小

(2) 条件 $x^4 + y^4 = 1$ のもとでの，$4(x - y)$ の最大最小

(3) 条件 $2x^2 + y^4 = 1$ のもとでの，$4xy$ の最大最小

3.6   3変数関数

2変数関数の場合と同様に，3変数関数に対しても，連続性，偏導関数，C^n 級関数などが定義される．この節では，3変数関数の偏微分について述べる（証明は省略する）．

問10. 2階までの偏導関数をすべて求めよ.

(1) $x^4 y^3 z^2$ (2) e^{xyz} (3) $\dfrac{1}{\sqrt{x^2 + y^2 + z^2}}$ (4) $\cos(x^2 y^4 z^3)$

命題4. $f(x, y, z)$ が C^1 級ならば，$f(x, y, z)$ は連続である.

定理9. $f(x, y, z)$ が C^2 級ならば，$f_{xy} = f_{yx}$, $f_{yz} = f_{zy}$, $f_{zx} = f_{xz}$ が成り立つ.

定理10. $f(u, v, w)$ が C^1 級であり，$u = u(x), v = v(x), w = w(x)$ が微分可能であるとする．このとき合成関数 $g(x) = f(u(x), v(x), w(x))$ の導関数は

$$\frac{dg}{dx} = \frac{\partial f}{\partial u} \cdot \frac{du}{dx} + \frac{\partial f}{\partial v} \cdot \frac{dv}{dx} + \frac{\partial f}{\partial w} \cdot \frac{dw}{dx}$$

問11. $f(u, v, w)$ が C^2 級であるとする．合成関数 $g(x) = f(x, x^2, x^3)$ の導関数，2階導関数を求めよ.

問12. $f(u, v, w)$ が C^2 級であるとする．合成関数 $g(x, y) = f(x^2 y, x^2 - y^2, xy^2)$ の偏導関数，2階偏導関数を求めよ.

問13. $f(x,y,z)$ が C^2 級であるとする. $x = r\sin\theta\cos\varphi$, $y = r\sin\theta\sin\varphi$, $z = r\cos\theta$ $(r \geq 0,\ 0 \leq \theta \leq \pi,\ -\infty < \varphi < \infty)$ との合成関数

$$g(r,\theta,\varphi) = f(r\sin\theta\cos\varphi, r\sin\theta\sin\varphi, r\cos\theta)$$

の偏導関数, 2階偏導関数を求めよ.

注. 点 (x,y,z) に対して

$$x = r\sin\theta\cos\varphi,\ y = r\sin\theta\sin\varphi,\ z = r\cos\theta$$

$$(r = \sqrt{x^2+y^2+z^2},\ 0 \leq \theta \leq \pi)$$

となる (r,θ,φ) を, (x,y,z) の空間極座標という.

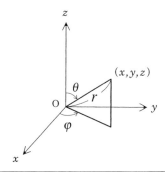

定理11 (ラグランジュの乗数法). $f(x,y,z), g(x,y,z)$ が C^1 級であるとする. 条件 $g(x,y,z) = 0$ のもとでの $f(x,y,z)$ の極値を, (a,b,c) でとるとする. $g_x(a,b,c) \neq 0$ または $g_y(a,b,c) \neq 0$ または $g_z(a,b,c) \neq 0$ であるとする. このとき

$$f_x(a,b,c) = \lambda g_x(a,b,c),\quad f_y(a,b,c) = \lambda g_y(a,b,c),$$

$$f_z(a,b,c) = \lambda g_z(a,b,c)$$

となる λ が存在する.

問14. 条件 $x^2 + y^2 + z^2 = A^2$ $(A > 0)$ のもとで, 次の関数の最大値と最小値を求めよ.

(1) $x + y + z$　　(2) $2x + y - 2z$　　(3) $(x+y)z$　　(4) xyz

4

重積分

この章では，多変数関数の積分について学ぶ．ここでは特に，2変数，3変数関数の場合を扱うことにする．

4.1　2重積分

xy 平面上の長方形 $\{(x,y)|a \le x \le b, c \le y \le d\}$ を $[a,b] \times [c,d]$ と表す．$z = f(x,y)$ を $D = [a,b] \times [c,d]$ で定義された連続関数とし，D 上で $f(x,y) \ge 0$ であるとする．D 上で，$z = f(x,y)$ のグラフと xy 平面の間の部分 W の体積 V を考える．

y 軸上の点 $y \ (c \le y \le d)$ を通り y 軸に垂直な平面による，W の切り口の

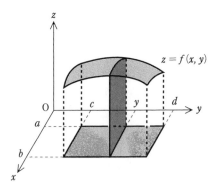

面積を $A(y)$ とする. このとき

$$A(y) = \int_a^b f(x,y)dx$$

$$V = \int_c^d A(y)dy = \int_c^d \left(\int_a^b f(x,y)dx \right) dy$$

同様にして

$$V = \int_a^b \left(\int_c^d f(x,y)dy \right) dx$$

$f(x,y)$ が $D = [a,b] \times [c,d]$ で定義された一般の連続関数の場合には, $f(x,y)$ の D における最小値を m とすると, D 上で $f(x,y) - m \geq 0$ だから, 上の議論から

$$\int_c^d \left(\int_a^b \{f(x,y) - m\}dx \right) dy = \int_a^b \left(\int_c^d \{f(x,y) - m\}dy \right) dx$$

となり, よってこの場合も

$$\int_c^d \left(\int_a^b f(x,y)dx \right) dy = \int_a^b \left(\int_c^d f(x,y)dy \right) dx$$

が成り立つ. この値を $f(x,y)$ の D における2重積分といい, $\displaystyle\int_D f(x,y)dxdy$ と表す.

$$\int_D f(x,y)dxdy = \int_c^d \left(\int_a^b f(x,y)dx \right) dy = \int_a^b \left(\int_c^d f(x,y)dy \right) dx$$

例 1. $\displaystyle\int_D (y^2 - x)dxdy, \quad D = [0,1] \times [0,2]$

(1) $\displaystyle\int_D (y^2 - x)dxdy = \int_0^2 \left(\int_0^1 (y^2 - x)dx \right) dy$

$$= \int_0^2 \left(\left[y^2 x - \frac{1}{2}x^2 \right]_{x=0}^{x=1} \right) dy = \int_0^2 \left(y^2 - \frac{1}{2} \right) dy$$

$$= \left[\frac{1}{3}y^3 - \frac{1}{2}y \right]_0^2 = \frac{5}{3}$$

(2) $\displaystyle\int_D (y^2 - x)dxdy = \int_0^1 \left(\int_0^2 (y^2 - x)dy \right) dx$

$$= \int_0^1 \left(\left[\frac{1}{3}y^3 - xy \right]_{y=0}^{y=2} \right) dx = \int_0^1 \left(\frac{8}{3} - 2x \right) dx$$

$$= \left[\frac{8}{3}x - x^2 \right]_0^1 = \frac{5}{3}$$

問1. 次の2重積分を求めよ.

(1) $\displaystyle\int_D (x + y)dxdy, \quad D = [0, 2] \times [0, 1]$

(2) $\displaystyle\int_D xy^2 dxdy, \quad D = [0, 1] \times [-1, 1]$

(3) $\displaystyle\int_D (x^2 + y^2)dxdy, \quad D = [-1, 1] \times [-1, 1]$

(4) $\displaystyle\int_D x(x^2 + y)^3 dxdy, \quad D = [0, 1] \times [0, 1]$

(5) $\displaystyle\int_D \frac{1}{x^2 y}dxdy, \quad D = [1, 2] \times [1, e^2]$

(6) $\displaystyle\int_D \frac{1}{(x + y)^2}dxdy, \quad D = [0, 1] \times [1, 2]$

(7) $\displaystyle\int_D \frac{1}{\sqrt{x + y}}dxdy, \quad D = [0, 1] \times [1, 2]$

(8) $\displaystyle\int_D e^{x-y} dxdy, \quad D = [0, 1] \times [0, 1]$

(9) $\displaystyle\int_D \cos(x + y)dxdy, \quad D = \left[0, \frac{\pi}{2} \right] \times \left[\frac{\pi}{4}, \frac{\pi}{2} \right]$

(10) $\displaystyle\int_D y\sin(x + y)dxdy, \quad D = \left[0, \frac{\pi}{2} \right] \times [0, \pi]$

$z = f(x, y)$ を $D = \{(x, y)|x \geq 0, \ y \geq 0, \ x + y \leq 1\}$ で定義された連続関数とし, D 上で $f(x, y) \geq 0$ であるとする. D 上で, $z = f(x, y)$ のグラフと

xy 平面の間の部分 W の体積 V を考える.

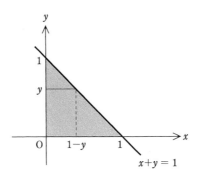

y 軸上の点 y $(0 \leq y \leq 1)$ を通り y 軸に垂直な平面による, W の切り口の面積を $A(y)$ とする. y $(0 \leq y \leq 1)$ を固定すると, D における x の範囲は, $0 \leq x \leq 1 - y$ だから

$$A(y) = \int_0^{1-y} f(x,y)dx$$

$$V = \int_0^1 A(y)dy = \int_0^1 \left(\int_0^{1-y} f(x,y)dx \right) dy$$

同様にして

$$V = \int_0^1 \left(\int_0^{1-x} f(x,y)dy \right) dx$$

$f(x,y)$ が D で定義された一般の連続関数の場合にも, 定義域が長方形の場合と同様にして

$$\int_0^1 \left(\int_0^{1-y} f(x,y)dx \right) dy = \int_0^1 \left(\int_0^{1-x} f(x,y)dy \right) dx$$

が成り立つ. この値を $f(x,y)$ の D における2重積分といい, $\int_D f(x,y)dxdy$ と表す.

他の定義域の場合についても, 同様の方法で, 2重積分を考える.

例2. $\int_D xy^2 dxdy, \quad D = \{(x,y)|0 \leq y \leq x \leq 1\}$

$$\int_D xy^2 dxdy = \int_0^1 \left(\int_0^x xy^2 dy \right) dx = \int_0^1 \left(\left[\frac{1}{3} xy^3 \right]_{y=0}^{y=x} \right) dx$$

$$= \frac{1}{3} \int_0^1 x^4 dx = \frac{1}{15} \left[x^5 \right]_0^1 = \frac{1}{15}$$

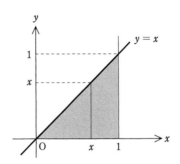

例3. $\displaystyle\int_D y^2 dxdy, \quad D = \{(x,y)|x^2 + y^2 \le a^2\} \quad (a > 0)$

$$\int_D y^2 dxdy = \int_{-a}^a \left(\int_{-\sqrt{a^2-y^2}}^{\sqrt{a^2-y^2}} y^2 dx \right) dy = \int_{-a}^a \left(\left[y^2 x \right]_{x=-\sqrt{a^2-y^2}}^{x=\sqrt{a^2-y^2}} \right) dy$$

$$= 2 \int_{-a}^a y^2 \sqrt{a^2 - y^2} dy = 4 \int_0^a y^2 \sqrt{a^2 - y^2} dy$$

$y = a\sin\theta$ とおくと

$$\int_D y^2 dxdy = 4a^4 \int_0^{\frac{\pi}{2}} \sin^2\theta \cos^2\theta \, d\theta = a^4 \int_0^{\frac{\pi}{2}} \sin^2 2\theta \, d\theta$$

$$= \frac{1}{2} a^4 \int_0^{\frac{\pi}{2}} (1 - \cos 4\theta) d\theta = \frac{1}{2} a^4 \left[\theta - \frac{1}{4} \sin 4\theta \right]_0^{\frac{\pi}{2}} = \frac{\pi a^4}{4}$$

問2. 次の2重積分を求めよ.

(1) $\displaystyle\int_D xydxdy, \quad D = \{(x,y)|x \ge 0, \ y \ge 0, \ x + y \le 1\}$

(2) $\displaystyle\int_D (x-y)dxdy, \quad D = \{(x,y)|0 \le y \le x \le 1\}$

(3) $\displaystyle\int_D xy^2 dxdy,\quad D=\{(x,y)|x\geq 0,\ y\geq 0,\ x+2y\leq 2\}$

(4) $\displaystyle\int_D x^2 y\,dxdy,\quad D=\{(x,y)|x^2\leq y\leq x\}$

(5) $\displaystyle\int_D \frac{1}{(x+y+1)^2}dxdy,\quad D=\{(x,y)|-x\leq y\leq x\leq 1\}$

(6) $\displaystyle\int_D \sin(x+y)dxdy,\quad D=\{(x,y)|x\geq 0,\ y\geq 0,\ x+y\leq \pi\}$

(7) $\displaystyle\int_D xy\,dxdy,\quad D=\{(x,y)|1\leq y\leq e^x,\ x\leq 1\}$

(8) $\displaystyle\int_D x\,dxdy,\quad D=\{(x,y)|0\leq y\leq \log x,\ x\leq e\}$

(9) $\displaystyle\int_D dxdy,\quad D=\{(x,y)|x^2+y^2\leq a^2\}\quad (a>0)$

(10) $\displaystyle\int_D xy\,dxdy,\quad D=\{(x,y)|x^2+y^2\leq a^2,\ x\geq 0,\ y\geq 0\}\quad (a>0)$

(11) $\displaystyle\int_D y^2 dxdy,\quad D=\left\{(x,y)|\frac{x^2}{a^2}+\frac{y^2}{b^2}\leq 1\right\}\quad (a,b>0)$

(12) $\displaystyle\int_D x\,dxdy,\quad D=\{(x,y)|x^2+y^2\leq 2y,\ x\geq 0\}$

4.2 3重積分

直方体 $\{(x,y,z)|a\leq x\leq b, c\leq y\leq d, p\leq z\leq q\}$ を $[a,b]\times[c,d]\times[p,q]$ と表す. $f(x,y,z)$ を $D=[a,b]\times[c,d]\times[p,q]$ で定義された連続関数とする. 2 重積分の場合と同様に, $f(x,y,z)$ の D における3重積分 $\displaystyle\int_D f(x,y,z)dxdydz$ が

$$\int_D f(x,y,z)dxdydz=\int_p^q\left(\int_c^d\left(\int_a^b f(x,y,z)dx\right)dy\right)dz$$

で与えられる. この値は積分の順序によらない.

問3. 次の3重積分を求めよ.

(1) $\displaystyle\int_D (x+y+z)dxdydz,\quad D=[0,1]\times[0,2]\times[0,3]$

(2) $\displaystyle\int_D xy^2 z^3 dxdydz,\quad D=[0,3]\times[0,2]\times[0,1]$

(3) $\displaystyle\int_D (x^2 + y^2 + z^2)dxdydz, \quad D = [-1,1] \times [-1,1] \times [-1,1]$

(4) $\displaystyle\int_D \frac{1}{(x+y+z)^3}dxdydz, \quad D = [0,1] \times [0,1] \times [1,2]$

(5) $\displaystyle\int_D e^{x+y+z}dxdydz, \quad D = [0,1] \times [0,1] \times [0,1]$

(6) $\displaystyle\int_D \cos(x+y+z)dxdydz, \quad D = \left[0, \frac{\pi}{2}\right] \times \left[0, \frac{\pi}{2}\right] \times [0,\pi]$

　他の定義域の場合についても，2重積分の場合と同様の方法で，3重積分を考える．

例4. $f(x,y,z)$ を $D = \{(x,y,z)|x \geq 0, \ y \geq 0, \ z \geq 0, \ x+y+z \leq 1\}$ で定義された連続関数とする．$z \ (0 \leq z \leq 1)$ を固定すると，D における (x,y) の範囲は，$x \geq 0, \ y \geq 0, \ x+y \leq 1-z$ である．さらに $y \ (0 \leq y \leq 1-z)$ を固定すると，D における x の範囲は，$0 \leq x \leq 1-y-z$ である．だから

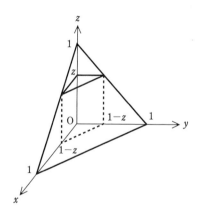

$$\int_D f(x,y,z)dxdydz = \int_0^1 \left(\int_0^{1-z} \left(\int_0^{1-y-z} f(x,y,z)dx \right) dy \right) dz$$

例5. $f(x,y,z)$ を $D = \{(x,y,z)|0 \leq z \leq y \leq x \leq 1\}$ で定義された連続

関数とする. x $(0 \leq x \leq 1)$ を固定すると, D における (y, z) の範囲は, $0 \leq z \leq y \leq x$ である. さらに y $(0 \leq y \leq x)$ を固定すると, D における z の範囲は, $0 \leq z \leq y$ である. だから

$$\int_D f(x, y, z)dxdydz = \int_0^1 \left(\int_0^x \left(\int_0^y f(x, y, z)dz \right) dy \right) dx$$

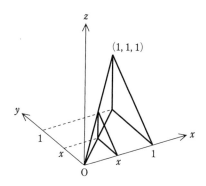

例6. $f(x, y, z)$ を $D = \{(x, y, z) | x^2 + y^2 + z^2 \leq a^2\}$ $(a > 0)$ で定義された連続関数とする. z $(-a \leq z \leq a)$ を固定すると, D における (x, y) の範囲は, $x^2 + y^2 \leq a^2 - z^2$ である. さらに y $(-\sqrt{a^2 - z^2} \leq y \leq \sqrt{a^2 - z^2})$ を固定すると, D における x の範囲は, $-\sqrt{a^2 - y^2 - z^2} \leq x \leq \sqrt{a^2 - y^2 - z^2}$ である. だから

$$\int_D f(x, y, z)dxdydz = \int_{-a}^a \left(\int_{-\sqrt{a^2 - z^2}}^{\sqrt{a^2 - z^2}} \left(\int_{-\sqrt{a^2 - y^2 - z^2}}^{\sqrt{a^2 - y^2 - z^2}} f(x, y, z)dx \right) dy \right) dz$$

問4. 次の3重積分を求めよ. $(a > 0)$

(1) $\displaystyle\int_D z\,dxdydz$, $D = \{(x, y, z) | x \geq 0,\ y \geq 0,\ z \geq 0,\ x + y + z \leq 1\}$

(2) $\displaystyle\int_D y\,dxdydz$, $D = \{(x, y, z) | x \geq 0,\ y \geq 0,\ z \geq 0,\ x + y + 2z \leq 2\}$

(3) $\displaystyle\int_D yz\,dxdydz$, $D = \{(x, y, z) | 0 \leq z \leq y \leq x \leq 1\}$

(4) $\displaystyle\int_D xy\,dxdydz,$　$D = \{(x,y,z)|0 \le y \le x \le 1,\ 0 \le z \le x+y\}$

(5) $\displaystyle\int_D \frac{1}{(x+y+z+1)^3}dxdydz,$

$D = \{(x,y,z)|x \ge 0,\ y \ge 0,\ z \ge 0,\ x+y+z \le 1\}$

(6) $\displaystyle\int_D \sin(x+y+z)dxdydz,$

$D = \{(x,y,z)|x \ge 0,\ y \ge 0,\ z \ge 0,\ x+y+z \le \pi\}$

(7) $\displaystyle\int_D dxdydz,$　$D = \{(x,y,z)|x^2+y^2+z^2 \le a^2\}$

(8) $\displaystyle\int_D z^2dxdydz,$　$D = \{(x,y,z)|x^2+y^2+z^2 \le a^2\}$

(9) $\displaystyle\int_D x\,dxdydz,$　$D = \{(x,y,z)|x^2+y^2+z^2 \le a^2,\ x \ge 0,\ y \ge 0,\ z \ge 0\}$

4.3　極座標への変換

$z = f(x,y)$ を $D = \{(x,y)|x^2+y^2 \le a^2\}$ $(a > 0)$ で定義された連続関数とし，D 上で $f(x,y) \ge 0$ であるとする．D 上で，$z = f(x,y)$ のグラフと xy 平面の間の部分

$$\{(x,y,z)|x^2+y^2 \le a^2,\ 0 \le z \le f(x,y)\}$$

の体積 V を考える.

$0 \le r \le a$ である r に対して

$$\{(x,y,z)|x^2+y^2 \le r^2,\ 0 \le z \le f(x,y)\}$$

の体積を $V(r)$ とし，その側面

$$\{(x,y,z)|x^2+y^2 = r^2,\ 0 \le z \le f(x,y)\}$$

$$= \{(r\cos\varphi, r\sin\varphi, z)|0 \le \varphi \le 2\pi,\ 0 \le z \le f(r\cos\varphi, r\sin\varphi)\}$$

の面積を $A(r)$ とする．第 2 章 2.3 節の命題 7 の場合と同様に，$V'(r) = A(r)$

と考えてよいから

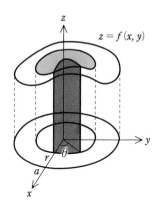

(1) $$\int_0^a A(r)dr = V(a) - V(0) = V = \int_D f(x,y)dxdy$$

$0 \le r \le a$ である r を固定する. $0 \le \theta \le 2\pi$ である θ に対して

$$\{(r\cos\varphi, r\sin\varphi, z) | 0 \le \varphi \le \theta, \ 0 \le z \le f(r\cos\varphi, r\sin\varphi)\}$$

の面積を $A_r(\theta)$ とする. $\Delta A_r = A_r(\theta + \Delta\theta) - A_r(\theta)$ とおく. $\Delta\theta > 0$ のとき, $f(r\cos\varphi, r\sin\varphi)$ $(\theta \le \varphi \le \theta + \Delta\theta)$ の最大値を M, 最小値を m とすると

$$mr\Delta\theta \le \Delta A_r \le Mr\Delta\theta$$

が成り立つ. $\Delta\theta > 0$ だから

$$mr \le \frac{\Delta A_r}{\Delta\theta} \le Mr$$

この式は $\Delta\theta < 0$ のときも, M, m を $f(r\cos\varphi, r\sin\varphi)$ $(\theta + \Delta\theta \le \varphi \le \theta)$ の最大値, 最小値とすると成り立つ.

$$\lim_{\Delta\theta \to 0} m = \lim_{\Delta\theta \to 0} M = f(r\cos\theta, r\sin\theta)$$

だから

$$A_r'(\theta) = \lim_{\Delta\theta \to 0} \frac{\Delta A_r}{\Delta\theta} = f(r\cos\theta, r\sin\theta)r$$

よって

(2) $\displaystyle\int_0^{2\pi} f(r\cos\theta, r\sin\theta)r\,d\theta = A_r(2\pi) - A_r(0) = A(r)$

(1),(2) から

$$\int_D f(x,y)dxdy = \int_0^a \left(\int_0^{2\pi} f(r\cos\theta, r\sin\theta)r\,d\theta \right) dr$$

$$= \int_0^{2\pi} \left(\int_0^a f(r\cos\theta, r\sin\theta)r\,dr \right) d\theta$$

この式は，$f(x,y)$ が D で定義された一般の連続関数の場合にも成り立つ．

定理1. $f(x,y)$ が $D = \{(x,y)|x^2 + y^2 \le a^2\}$ $(a > 0)$ で定義された連続関数のとき，$D' = [0,a] \times [0,2\pi] = \{(r,\theta)|0 \le r \le a,\ 0 \le \theta \le 2\pi\}$ とおくと

$$\int_D f(x,y)dxdy = \int_{D'} f(r\cos\theta, r\sin\theta)r\,drd\theta$$

問5. $D = \{(x,y)|x^2 + y^2 \le a^2\}$ $(a > 0)$ とする．定理1を用いて，次の2重積分を求めよ．

(1) $\displaystyle\int_D dxdy$ (2) $\displaystyle\int_D x^2 dxdy$ (3) $\displaystyle\int_D x^2 y^2 dxdy$ (4) $\displaystyle\int_D (x^2 + y^2)^\alpha dxdy$ $(\alpha > 0)$

(5) $\displaystyle\int_D e^{-x^2 - y^2} dxdy$ (6) $\displaystyle\int_D (x^2 + y^2 + 1)^\alpha dxdy$

定理1と同じ考え方により，次のことが成り立つ．

定理2. $f(x,y)$ が $D = \{(x,y) = (r\cos\theta, r\sin\theta)|a \le r \le b, \alpha \le \theta \le \beta\}$, $(a \ge 0,\ \beta - \alpha \le 2\pi)$ で定義された連続関数のとき，$D' = [a,b] \times [\alpha,\beta] = \{(r,\theta)|a \le r \le b,\ \alpha \le \theta \le \beta\}$ とおくと

$$\int_D f(x,y)dxdy = \int_{D'} f(r\cos\theta, r\sin\theta)r\,drd\theta$$

問6. 定理2を用いて，次の2重積分を求めよ．$(a > 0)$

(1) $\displaystyle\int_D y\,dxdy, \quad D = \{(x,y)|x^2 + y^2 \le a^2,\ y \ge 0\}$

(2) $\displaystyle\int_D xy\,dxdy, \quad D = \{(x,y)|x^2 + y^2 \le a^2,\ x \ge 0,\ y \ge 0\}$

(3) $\displaystyle\int_D xy^2 dxdy, \quad D = \{(x,y)|x^2 + y^2 \le a^2,\ x \ge 0\}$

(4) $\displaystyle\int_D \frac{1}{(x^2+y^2)^\alpha}dxdy, \quad D = \{(x,y)|1 \le x^2 + y^2 \le 4\}\ (\alpha > 0)$

3重積分の場合，空間極座標への変換公式は次のようになる．

定理3. $f(x,y,z)$ が $D = \{(x,y,z)|x^2 + y^2 + z^2 \le a^2\}\ (a > 0)$ で定義された連続関数のとき，$D' = [0,a] \times [0,\pi] \times [0,2\pi]$
$= \{(r,\theta,\varphi)|0 \le r \le a,\ 0 \le \theta \le \pi,\ 0 \le \varphi \le 2\pi\}$ とおくと
$$\int_D f(x,y,z)dxdydz =$$
$$\int_{D'} f(r\sin\theta\cos\varphi, r\sin\theta\sin\varphi, r\cos\theta)r^2\sin\theta\,drd\theta\,d\varphi$$

問7. $D = \{(x,y,z)|x^2 + y^2 + z^2 \le a^2\}\ (a > 0)$ とする．定理3を用いて，次の3重積分を求めよ．

(1) $\displaystyle\int_D dxdydz$ (2) $\displaystyle\int_D z^2 dxdydz$ (3) $\displaystyle\int_D (x^2 + y^2 + z^2)^\alpha dxdydz\ (\alpha > 0)$

定理4. $f(x,y,z)$ が

$$D = \{(x,y,z) = (r\sin\theta\cos\varphi, r\sin\theta\sin\varphi, r\cos\theta) | a \le r \le b,$$

$$\alpha \le \theta \le \beta, \ \lambda \le \varphi \le \mu\}, \quad (a \ge 0, \ 0 \le \alpha < \beta \le \pi, \ \mu - \lambda \le 2\pi)$$

で定義された連続関数のとき，

$$D' = [a,b] \times [\alpha,\beta] \times [\lambda,\mu] = \{(r,\theta,\varphi) | a \le r \le b, \ \alpha \le \theta \le \beta, \ \lambda \le \varphi \le \mu\}$$

とおくと $\displaystyle\int_D f(x,y,z)dxdydz =$

$$\int_{D'} f(r\sin\theta\cos\varphi, r\sin\theta\sin\varphi, r\cos\theta)r^2\sin\theta \, drd\theta d\varphi$$

問8. 定理4を用いて，次の3重積分を求めよ．$(a > 0)$

(1) $\displaystyle\int_D z\,dxdydz, \quad D = \{(x,y,z)|x^2 + y^2 + z^2 \le a^2, \ z \ge 0\}$

(2) $\displaystyle\int_D yz\,dxdydz, \quad D = \{(x,y,z)|x^2 + y^2 + z^2 \le a^2, \ y \ge 0, \ z \ge 0\}$

(3) $\displaystyle\int_D xyz\,dxdydz, \quad D = \{(x,y,z)|x^2 + y^2 + z^2 \le a^2, \ x \ge 0, \ y \ge 0, \ z \ge 0\}$

(4) $\displaystyle\int_D \frac{1}{(x^2 + y^2 + z^2)^\alpha}dxdydz, \quad D = \{(x,y,z)|1 \le x^2 + y^2 + z^2 \le 4\} \quad (\alpha > 0)$

4.4 体積

$f(x,y)$ を $D = [a,b] \times [c,d]$ で定義された連続関数とし，D 上で $f(x,y) \ge 0$ であるとする．このとき D 上で，曲面 $z = f(x,y)$ と xy 平面の間の部分の体積は $\displaystyle\int_D f(x,y)dxdy$ であった．同様にして次のことが成り立つ．

命題1. $f(x,y)$, $g(x,y)$ を $D = [a,b] \times [c,d]$ で定義された連続関数とし，D 上で $f(x,y) \geq g(x,y)$ であるとする．このとき D 上で，2つの曲面 $z = f(x,y)$, $z = g(x,y)$ の間の部分の体積 V は

$$V = \int_D \{f(x,y) - g(x,y)\}dxdy$$

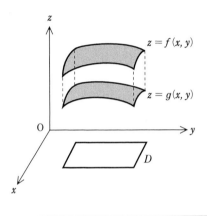

他の定義域の場合についても，同様の方法で，体積を計算することができる．

例7. 曲面 $x^2 + y^2 + z^4 = 1$ で囲まれた部分 W の体積 V を考える．

W は2つの曲面

$$z = \sqrt[4]{1 - x^2 - y^2}, \quad z = -\sqrt[4]{1 - x^2 - y^2} \quad (x^2 + y^2 \leq 1)$$

の間の部分だから，$D = \{(x,y)|x^2 + y^2 \leq 1\}$ とおくと

$$V = 2\int_D \sqrt[4]{1 - x^2 - y^2}\,dxdy$$

$x = r\cos\theta$, $y = r\sin\theta$ $(0 \leq r \leq 1,\ 0 \leq \theta \leq 2\pi)$ と極座標に変換すると

$$V = 2\int_0^1 \left(\int_0^{2\pi} \sqrt[4]{1 - r^2} \cdot r\,d\theta\right)dr = 4\pi\int_0^1 \sqrt[4]{1 - r^2} \cdot r\,dr$$

$$= -\frac{8\pi}{5}\left[(1 - r^2)^{\frac{5}{4}}\right]_0^1 = \frac{8\pi}{5}$$

例8. 円柱面 $x^2 + y^2 = a^2$ $(a > 0)$ と2つの平面 $z = y$, $z = 2y$ で囲まれた部分の体積 V を考える.

$y \geq 0$ のとき $y \leq 2y$, $y \leq 0$ のとき $y \geq 2y$ だから

$$D_1 = \{(x,y)|x^2 + y^2 \leq a^2,\ y \geq 0\}, \quad D_2 = \{(x,y)|x^2 + y^2 \leq a^2,\ y \leq 0\}$$

とおくと

$$V = \int_{D_1} (2y - y)dxdy + \int_{D_2} (y - 2y)dxdy = \int_{D_1} y\,dxdy - \int_{D_2} y\,dxdy$$

となり，極座標に変換して

$$V = \int_0^\pi \left(\int_0^a r^2 \sin\theta\,dr \right) d\theta - \int_{-\pi}^0 \left(\int_0^a r^2 \sin\theta\,dr \right) d\theta$$

$$= \frac{1}{3}a^3 \left(\int_0^\pi \sin\theta\,d\theta - \int_{-\pi}^0 \sin\theta\,d\theta \right)$$

$$= \frac{2}{3}a^3 \int_0^\pi \sin\theta\,d\theta = \frac{2}{3}a^3 \left[-\cos\theta \right]_0^\pi = \frac{4}{3}a^3$$

問9. 次の体積を求めよ. $(a > 0)$

(1) 曲面 $x^2 + y^2 + z^6 = 1$ で囲まれた部分.

(2) 円柱面 $x^2 + y^2 = a^2$, 平面 $z = 0$, 曲面 $z = x^2 y$ で囲まれた部分.

(3) 2つの円柱面 $x^2 + y^2 = a^2$, $y^2 + z^2 = a^2$ で囲まれた部分.

(4) 放物面 $z = 1 - x^2 - y^2$ と平面 $z = 0$ で囲まれた部分.

(5) 曲面 $z = (1 - x^2)(4 - y^2)$ と平面 $z = 0$ で囲まれた部分.

(6) 曲面 $z = xy(4 - x^2 - y^2)$ と平面 $z = 0$ で囲まれた部分.

(7) 曲面 $z = \dfrac{3}{x^2 + y^2 + 1}$ と平面 $z = 1$ で囲まれた部分.

(8) 曲面 $z = y(1 - y)$ と3つの平面 $z = 0$, $x = 0$, $x + y = 1$ で囲まれた部分.

(9) 曲面 $z = 1 - x^2$ と3つの平面 $z = 0$, $y = 0$, $y = x$ で囲まれた部分.

(10) 放物面 $z = x^2 + y^2$ と平面 $z = 2y$ で囲まれた部分.

4.5 曲面積

空間ベクトル $a = (a_1, a_2, a_3)$ の長さを $|a|$ と表す.

$$|a| = \sqrt{a_1{}^2 + a_2{}^2 + a_3{}^2}$$

また, $a = (a_1, a_2, a_3)$, $b = (b_1, b_2, b_3)$ の内積を $\langle a, b \rangle$ と表す.

$$\langle a, b \rangle = a_1 b_1 + a_2 b_2 + a_3 b_3$$

$\theta \ (0 \leq \theta \leq \pi)$ を a と b のなす角とすると, 余弦定理から

$$\langle a, b \rangle = |a||b| \cos \theta$$

が成り立つ. a と b で作られる平行四辺形の面積を A とすると

$$A = |a||b| \sin \theta = |a||b| \sqrt{1 - \cos^2 \theta} = \sqrt{|a|^2 |b|^2 - \langle a, b \rangle^2}$$

となる.

さて, $x(u,v), y(u,v), z(u,v)$ を $D = [a, b] \times [c, d]$ で定義された C^1 級関数として, 曲面

$$p(u, v) = (x(u,v), y(u,v), z(u,v))$$

の面積 A を考える.

$$p_u(u, v) = (x_u(u,v), y_u(u,v), z_u(u,v))$$
$$p_v(u, v) = (x_v(u,v), y_v(u,v), z_v(u,v))$$

とする.

まず, D 上の小長方形 $[u, u + \Delta u] \times [v, v + \Delta v]$ で考える.

$$\mathrm{P}_1 = p(u, v), \quad \mathrm{P}_2 = p(u + \Delta u, v)$$

$$\mathrm{P}_3 = p(u + \Delta u, v + \Delta v), \quad \mathrm{P}_4 = p(u, v + \Delta v)$$

とおく. 曲面の $[u, u + \Delta u] \times [v, v + \Delta v]$ に対応する部分は, 小曲面 $\mathrm{P}_1 \mathrm{P}_2 \mathrm{P}_3 \mathrm{P}_4$ である. $\overrightarrow{\mathrm{P}_1 \mathrm{P}_2}$ の各成分について, 平均値の定理を用いて

$$x(u + \Delta u, v) - x(u, v) = x_u(u + \theta_1 \Delta u, v) \Delta u \quad (0 < \theta_1 < 1)$$

$$y(u + \Delta u, v) - y(u, v) = y_u(u + \theta_2 \Delta u, v) \Delta u \quad (0 < \theta_2 < 1)$$

$$z(u + \Delta u, v) - z(u, v) = z_u(u + \theta_3 \Delta u, v) \Delta u \quad (0 < \theta_3 < 1)$$

となる θ_1, θ_2, θ_3 が存在する. だから Δu が小さいとき, $\overrightarrow{\mathrm{P_1P_2}}$ は $p_u(u,v)\Delta u$ で近似される. 同様にして Δv が小さいとき, $\overrightarrow{\mathrm{P_1P_4}}$ は $p_v(u,v)\Delta v$ で近似される. だから $\Delta u, \Delta v$ が小さいとき, 小曲面 $\mathrm{P_1P_2P_3P_4}$ は $p_u(u,v)\Delta u$, $p_v(u,v)\Delta v$ で作られる平行四辺形で近似される. その平行四辺形の面積 ΔA は

$$\Delta A = \sqrt{|p_u(u,v)|^2|p_v(u,v)|^2 - \langle p_u(u,v), p_v(u,v)\rangle^2}\Delta u\Delta v$$

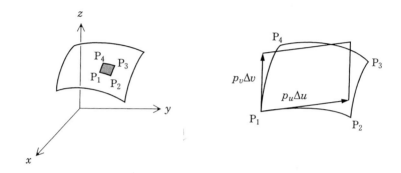

次に D を縦横に n 等分して, n^2 個の小長方形に分割する.

$$\Delta u = \frac{b-a}{n}, \ \Delta v = \frac{d-c}{n},$$

$$u_i = a + i\Delta u, \ v_j = c + j\Delta v, \ (0 \le i, j \le n)$$

とおく. 各小長方形に対して, 上の議論を適用して, 曲面積 A は

$$\sum_{i,j=0}^{n-1}\sqrt{|p_u(u_i,v_j)|^2|p_v(u_i,v_j)|^2 - \langle p_u(u_i,v_j), p_v(u_i,v_j)\rangle^2}\Delta u\Delta v$$

で近似されると考えられる. n を増やし, 分割を細かくしていったとき, この値は, D 上で

$$w = \sqrt{|p_u(u,v)|^2|p_v(u,v)|^2 - \langle p_u(u,v), p_v(u,v)\rangle^2}$$

のグラフと uv 平面の間の部分の体積

$$\int_D \sqrt{|p_u(u,v)|^2|p_v(u,v)|^2 - \langle p_u(u,v), p_v(u,v)\rangle^2}dudv$$

に近づいていく. そこでこの値を, 曲面 $p(u,v)$ の面積と定義する.

$$A = \int_D \sqrt{|p_u(u,v)|^2 |p_v(u,v)|^2 - \langle p_u(u,v), p_v(u,v)\rangle^2}\,dudv$$

他の定義域の場合についても, この式で曲面積を考える.

例9. 半径 a の球の表面積 A を考える.

$$p(u,v) = (a\sin u\cos v, a\sin u\sin v, a\cos u), \quad (0 \leq u \leq \pi, \ 0 \leq v \leq 2\pi)$$

と媒介変数表示すると

$$p_u(u,v) = (a\cos u\cos v, a\cos u\sin v, -a\sin u)$$

$$p_v(u,v) = (-a\sin u\sin v, a\sin u\cos v, 0)$$

$$|p_u(u,v)|^2 = a^2, \quad \langle p_u(u,v), p_v(u,v)\rangle = 0, \quad |p_v(u,v)|^2 = a^2\sin^2 u$$

だから

$$A = \int_0^\pi \left(\int_0^{2\pi} a^2\sin u\,dv\right) du = 2\pi a^2\int_0^\pi \sin u\,du$$
$$= 2\pi a^2\left[-\cos u\right]_0^\pi = 4\pi a^2$$

問10. 次の曲面積を求めよ (絵もかけ).

(1) (円錐) $p(u,v) = (u\cos v, u\sin v, 2u), \quad (0 \leq u \leq 1, \ 0 \leq v \leq 2\pi)$

(2) (輪環面) $p(u,v) = ((2+\sin u)\cos v, (2+\sin u)\sin v, \cos u),$
$$(0 \leq u \leq 2\pi, \ 0 \leq v \leq 2\pi)$$

(3) (懸垂面) $p(u,v) = \left(\frac{1}{2}(e^u+e^{-u})\cos v, \frac{1}{2}(e^u+e^{-u})\sin v, u\right),$
$$(-1 \leq u \leq 1, \ 0 \leq v \leq 2\pi)$$

(4) (ら線面) $p(u,v) = (u\cos v, u\sin v, v),$
$$(-1 \leq u \leq 1, \ 0 \leq v \leq 4\pi)$$

(5) (回転楕円面) $p(u,v) = (\sin u\cos v, \sin u\sin v, \sqrt{2}\cos u),$
$$(0 \leq u \leq \pi, \ 0 \leq v \leq 2\pi)$$

(6) (回転楕円面) $p(u,v) = (\sqrt{2}\sin u\cos v, \sqrt{2}\sin u\sin v, \cos u),$
$$(0 \leq u \leq \pi, \ 0 \leq v \leq 2\pi)$$

注. 一般に, xz 平面上の曲線 $x = f(t)$, $z = g(t)$ を z 軸のまわりに 1 回転させてできる曲面

$$p(u,v) = (f(u)\cos v, f(u)\sin v, g(u))$$

を回転面という.

問 11. 回転面の面積の公式を作れ.

　$f(x,y)$ を $D = [a,b] \times [c,d]$ で定義された C^1 級関数として, 曲面 $z = f(x,y)$ の面積 A を考える.

$$p(u,v) = (u,v,f(u,v))$$

と媒介変数表示すると

$$p_u(u,v) = (1,0,f_u(u,v)), \quad p_v(u,v) = (0,1,f_v(u,v))$$

$$|p_u(u,v)|^2 |p_v(u,v)|^2 - \langle p_u(u,v), p_v(u,v) \rangle^2 = 1 + \{f_u(u,v)\}^2 + \{f_v(u,v)\}^2$$

だから

$$A = \int_D \sqrt{1 + \{f_u(u,v)\}^2 + \{f_v(u,v)\}^2}\, dudv$$
$$= \int_D \sqrt{1 + \{f_x(x,y)\}^2 + \{f_y(x,y)\}^2}\, dxdy$$

他の定義域の場合についても同様である.

例 10.　　半径 a の球面 $x^2 + y^2 + z^2 = a^2$ の面積 A は, 曲面 $z = \sqrt{a^2 - x^2 - y^2}$ 　$(x^2 + y^2 \le a^2)$ の面積の 2 倍である. 曲面 $z = \sqrt{a^2 - x^2 - y^2}$ $(x^2 + y^2 \le t^2,\ 0 < t < a)$ の面積を $A(t)$ とすると

$$A(t) = \int_D \sqrt{1 + z_x{}^2 + z_y{}^2}\, dxdy = \int_D \frac{a}{\sqrt{a^2 - x^2 - y^2}}\, dxdy$$
$$D = \{(x,y) | x^2 + y^2 \le t^2\}$$

極座標に変換して

$$A(t) = \int_0^t \left(\int_0^{2\pi} \frac{ar}{\sqrt{a^2 - r^2}}\, d\theta \right) dr = 2\pi a \int_0^t \frac{r}{\sqrt{a^2 - r^2}}\, dr$$

$$= 2\pi a \left[-\sqrt{a^2 - r^2} \right]_0^t = 2\pi a \left(a - \sqrt{a^2 - t^2} \right)$$

よって

$$A = 2 \lim_{t \to a - 0} A(t) = 4\pi a^2$$

問 12. 次の曲面積を求めよ.

(1) $z = \dfrac{1}{2}(x^2 + y^2)$ $(x^2 + y^2 \leq 1)$

(2) 曲面 $z = \dfrac{1}{2}x^2$ の, 3つの平面 $y = 0$, $y = x$, $x = 1$ で囲まれた部分.

(3) 曲面 $z = \dfrac{1}{2}(e^x + e^{-x})$ の, 3つの平面 $x = 0$, $y = 0$, $x + y = 1$ で囲まれた部分.

微分方程式

C を定数とする．$y = Ce^x$ を微分すると $y' = Ce^x = y$ が成り立つ．また $y = Ce^{x^2}$ を微分すると $y' = Ce^{x^2} \cdot 2x = 2xy$ が成り立つ．ここで逆に $y' = y$，$y' = 2xy$ が与えられたとき，その方程式を満たす関数 $y = y(x)$ を求めるにはどうしたらよいか，という問題が生じる．

$y' = y$，$y' = 2xy$ のように，未知関数 y の導関数を含む方程式を y についての微分方程式という．未知関数 y の1階導関数だけを含む微分方程式を，1階微分方程式といい，$y'' = -y$ のように2階導関数までを含む微分方程式を，2階微分方程式という．微分方程式を満たす関数を，その微分方程式の解といい，解を求めることを，微分方程式を解くという．

この章では，微分方程式の解法について学ぶ．

5.1 1階微分方程式

この節では，$y' = f(x, y)$ の形の1階微分方程式を扱う．

5.1.1 変数分離形

(A)
$$y' = g(y)h(x)$$
の形の微分方程式を，変数分離形という．

$$\frac{dy}{dx} = g(y)h(x)$$

を変形して

$$\frac{1}{g(y)}\frac{dy}{dx} = h(x)$$

両辺を x で積分して

$$\int \frac{1}{g(y)}\frac{dy}{dx}dx = \int h(x)dx$$

左辺を置換積分して

$$\int \frac{1}{g(y)}dy = \int h(x)dx$$

以下, 両辺の不定積分を計算して, 解 $y = y(x)$ を求めることができる.

例1. $y' = y$

(1) $y \neq 0$ のとき, 方程式を変形して

$$\frac{1}{y}\frac{dy}{dx} = 1$$

両辺を x で積分すると

$$\log|y| = x + C_1, \qquad y = \pm e^{C_1}e^x$$

$C = \pm e^{C_1}$ とおくと, C は0以外の任意定数であり, 解は $y = Ce^x$ である.

(2) 関数 $y = 0$ は明らかに解である.

(3) (2)の解 $y = 0$ は, (1)の解 $y = Ce^x$ で $C = 0$ として得られる. よって (1),(2)をあわせて, 求める解は, C を任意定数として $y = Ce^x$

例2. $y' = 2xy$

(1) $y \neq 0$ のとき, 方程式を変形して

$$\frac{1}{y}\frac{dy}{dx} = 2x$$

両辺を x で積分すると

$$\log|y| = x^2 + C_1, \qquad y = \pm e^{C_1}e^{x^2}$$

$C = \pm e^{C_1}$ とおくと, C は0以外の任意定数であり, 解は $y = Ce^{x^2}$ である.

(2) 関数 $y = 0$ は明らかに解である.

(3) (2) の解 $y = 0$ は，(1) の解 $y = Ce^{x^2}$ で $C = 0$ として得られる．よって (1),(2) をあわせて，求める解は，C を任意定数として $y = Ce^{x^2}$

問1. 次の微分方程式を解け.

(1) $y' = 2y$　　　(2) $y' = y - 2$　　　(3) $y' = y^2$　　　(4) $y' = 3x^2 y$

(5) $y' = \dfrac{y}{x}$　　　(6) $y' = -\dfrac{x}{y}$　　　(7) $y' = \dfrac{y^2 - 1}{x}$

問2. 次の条件を満たす解を求めよ.

(1) $y' = y + 1, \quad y(0) = 1$　　　(2) $y' = -y, \quad y(1) = -3$

(3) $y' = \dfrac{1}{y}, \quad y(0) = 2$

問3（落下運動）. 上向きに x 軸をとる．質量 m の物体が，速さに比例した抵抗力を受けながら落下するとき，運動方程式は

$$m\frac{d^2 x}{dt^2} = -mg - k\frac{dx}{dt}$$

（t は時間, g は重力加速度, k は正の定数）となる．この微分方程式を解け（$dx/dt = v$ とおく）.

問4（崩壊過程）. ある放射性物質が，そのときの質量に比例した速さで崩壊したとする．30gが 10gに減少するのに4万年かかるとすると，30gが 3gまで減少するのには何年かかるか.

問5（自己増殖過程）. ある病原体が，そのときの量に比例した速さで増殖したとする．100個の個体が3時間で 200個になったとすると，10000個になるのは何時間後か.

5.1.2　同次形

(B)
$$y' = f\left(\frac{y}{x}\right)$$

の形の微分方程式を，同次形という．変数変換

$$y \to z, \quad z = \frac{y}{x}$$

を行う．$y = xz$ を (B) に代入して

$$z + xz' = f(z), \qquad z' = \frac{f(z) - z}{x}$$

これは変数分離形だから，解 $z = z(x)$ を求めることができる．(B) の解は $y = xz(x)$ である.

例3. $y' = \dfrac{2y - x}{x}$

$\dfrac{2y - x}{x} = \dfrac{2y}{x} - 1$ だから同次形である. 変数変換 $z = \dfrac{y}{x}$ を行い $y = xz$ を代入して

$$z + xz' = 2z - 1, \quad z' = \dfrac{z - 1}{x}$$

この方程式の解を求めると, C を任意定数として $z = 1 + Cx$ である. よって求める解は

$$y = x(1 + Cx) = x + Cx^2$$

問6. 次の微分方程式を解け.

(1) $y' = \dfrac{x + y}{x}$ (2) $y' = \dfrac{x + 2y}{x}$ (3) $y' = \dfrac{2x - y}{x}$ (4) $y' = \dfrac{x^2 + y^2}{xy}$

(5) $y' = \dfrac{x^2 + 2y^2}{xy}$ (6) $y' = \dfrac{x - y}{x + y}$

5.1.3 1階線形微分方程式

(C) $y' + P(x)y = Q(x)$

の形の微分方程式を, 1階線形微分方程式という. 両辺に $e^{\int P(x)dx}$ をかけて

$$e^{\int P(x)dx}y' + e^{\int P(x)dx}P(x)y = e^{\int P(x)dx}Q(x)$$

となる. ここで

$$e^{\int P(x)dx}P(x) = \left(e^{\int P(x)dx}\right)'$$

に注意して左辺を書き換えて

$$\left(e^{\int P(x)dx}y\right)' = e^{\int P(x)dx}Q(x)$$

両辺を積分して

$$e^{\int P(x)dx}y = \int e^{\int P(x)dx}Q(x)dx + C$$

よって

$$y = e^{-\int P(x)dx}\left(\int e^{\int P(x)dx}Q(x)dx + C\right)$$

例4. $y' + y = x$

両辺に e^x をかけて $(e^x y)' = xe^x$ となる．両辺を積分して

$$e^x y = \int xe^x dx = \int x(e^x)' dx$$

$$= xe^x - \int e^x dx = xe^x - e^x + C$$

$$y = x - 1 + Ce^{-x}$$

例5. $y' + \dfrac{y}{x} = 3x$

両辺に x をかけて $(xy)' = 3x^2$ となる．両辺を積分して

$$xy = x^3 + C, \qquad y = x^2 + \frac{C}{x}$$

問7. 次の微分方程式を解け．

(1) $y' + y = e^x$ (2) $y' - y = x$ (3) $y' + 2y = e^{-x}$ (4) $y' + \dfrac{y}{x} = \cos x$

(5) $y' - \dfrac{y}{x} = 2x^2$ (6) $y' + \dfrac{3y}{x} = \dfrac{1}{x^3}$

5.2 　2階線形微分方程式

5.2.1 　一般論

$$\text{(A)} \qquad y'' + P(x)y' + Q(x)y = R(x)$$

の形の微分方程式を，2階線形微分方程式という．また

$$\text{(B)} \qquad y'' + P(x)y' + Q(x)y = 0$$

を同次2階線形微分方程式という．

定理1. $y_1(x), y_2(x)$ を $y_1 y_2' - y_1' y_2 \neq 0$ を満たす (B) の解とする．このとき (B) の任意の解は，C_1, C_2 を任意定数として

$$y = C_1 y_1(x) + C_2 y_2(x)$$

証明. 任意の定数 C_1, C_2 に対して, $y = C_1y_1 + C_2y_2$ とすると

$$y'' + Py' + Qy = C_1(y_1'' + Py_1' + Qy_1) + C_2(y_2'' + Py_2' + Qy_2) = 0$$

よって $y = C_1y_1 + C_2y_2$ は (B) の解である.

逆に $y(x)$ を (B) の任意の解とすると

(1) $y_1'' + Py_1' + Qy_1 = 0$

(2) $y_2'' + Py_2' + Qy_2 = 0$

(3) $y'' + Py' + Qy = 0$

$(2) \times y - (3) \times y_2$ から

$$(y_2''y - y_2y'') + P(y_2'y - y_2y') = 0$$

$z = y_2'y - y_2y'$ とおき, $z' = y_2''y - y_2y''$ に注意して左辺を書き換えると

$$z' + P(x)z = 0$$

この方程式の解を求めると, A_1 を任意定数として $z = A_1e^{-\int P(x)dx}$ である. よって

(4) $y_2'y - y_2y' = A_1e^{-\int P(x)dx}$

同様に $(3) \times y_1 - (1) \times y$ から, A_2 を任意定数として

(5) $y'y_1 - yy_1' = A_2e^{-\int P(x)dx}$

$(1) \times y_2 - (2) \times y_1$ から, A_3 を任意定数として

(6) $y_1'y_2 - y_1y_2' = A_3e^{-\int P(x)dx}$

仮定から $A_3 \neq 0$ である. $(4) \times y_1 + (5) \times y_2 + (6) \times y$ から

$$(A_1y_1 + A_2y_2 + A_3y)e^{-\int P(x)dx} = 0$$

よって

$$y = \left(-\frac{A_1}{A_3}\right)y_1 + \left(-\frac{A_2}{A_3}\right)y_2$$

> **定理 2.** $y_1(x), y_2(x)$ を $y_1 y_2' - y_1' y_2 \neq 0$ を満たす (B) の解とする．また $Y(x)$ を (A) の 1 つの解とする．このとき (A) の任意の解は，C_1, C_2 を任意定数として
> $$y = C_1 y_1(x) + C_2 y_2(x) + Y(x)$$

証明. 任意の定数 C_1, C_2 に対して，$y = C_1 y_1 + C_2 y_2 + Y$ とすると
$$y'' + Py' + Qy = C_1(y_1'' + Py_1' + Qy_1) + C_2(y_2'' + Py_2' + Qy_2)$$
$$+Y'' + PY' + QY = R$$
よって $y = C_1 y_1 + C_2 y_2 + Y$ は (A) の解である．

逆に $y(x)$ を (A) の任意の解とすると
(1) $\qquad y'' + Py' + Qy = R$
(2) $\qquad Y'' + PY' + QY = R$
$(1) - (2)$ から
$$(y - Y)'' + P(y - Y)' + Q(y - Y) = 0$$
よって $y - Y$ は (B) の解である．定理 1 から，ある定数 C_1, C_2 が存在して
$$y - Y = C_1 y_1 + C_2 y_2$$
よって
$$y = C_1 y_1 + C_2 y_2 + Y$$

5.2.2　定係数同次形

(C) $\qquad y'' + ay' + by = 0 \qquad$ (a, b は定数)

を定係数同次 2 階線形微分方程式という．これに対して 2 次方程式
$$t^2 + at + b = 0$$
の解を α, β とする．

定理 3. (C) の任意の解は，C_1, C_2 を任意定数として

(1) α, β が相異なる実数であるとき，$y = C_1 e^{\alpha x} + C_2 e^{\beta x}$.

(2) $\alpha = \beta$ のとき，$y = C_1 e^{\alpha x} + C_2 x e^{\alpha x}$.

(3) α, β が実数でないとき，$\alpha = p + qi$, $\beta = p - qi$ (p, q は実数，i は虚数単位) とすると，$y = C_1 e^{px} \cos qx + C_2 e^{px} \sin qx$.

証明. (1) α は $t^2 + at + b = 0$ の解だから

$$(e^{\alpha x})'' + a(e^{\alpha x})' + b e^{\alpha x} = (\alpha^2 + a\alpha + b)e^{\alpha x} = 0$$

となり，$e^{\alpha x}$ は (C) の解である．同様に $e^{\beta x}$ も (C) の解である．また

$$e^{\alpha x}(e^{\beta x})' - (e^{\alpha x})' e^{\beta x} = (\beta - \alpha)e^{(\alpha+\beta)x} \neq 0$$

なので，定理1から，(C) の任意の解は $y = C_1 e^{\alpha x} + C_2 e^{\beta x}$

(2) α は $t^2 + at + b = 0$ の重解だから，$\alpha^2 + a\alpha + b = 0$ と $2\alpha = -a$ が成り立つ．(1)と同様に $e^{\alpha x}$ は (C) の解であり

$$(xe^{\alpha x})'' + a(xe^{\alpha x})' + b x e^{\alpha x} = \{(\alpha^2 + a\alpha + b)x + (2\alpha + a)\}e^{\alpha x} = 0$$

より $xe^{\alpha x}$ も (C) の解である．また

$$e^{\alpha x}(xe^{\alpha x})' - (e^{\alpha x})' x e^{\alpha x} = e^{2\alpha x} \neq 0$$

なので，定理1から，(C) の任意の解は $y = C_1 e^{\alpha x} + C_2 x e^{\alpha x}$

(3) $\alpha = p + qi$, $\beta = p - qi$ は $t^2 + at + b = 0$ の解だから，$a = -2p, b = p^2 + q^2$ が成り立つ．また α, β は実数でないので，$q \neq 0$ である．よって

$(e^{px} \cos qx)'' + a(e^{px} \cos qx)' + b e^{px} \cos qx$

$$= e^{px}\{(p^2 - q^2 + ap + b)\cos qx - q(2p + a)\sin qx\} = 0$$

$(e^{px} \sin qx)'' + a(e^{px} \sin qx)' + b e^{px} \sin qx$

$$= e^{px}\{(p^2 - q^2 + ap + b)\sin qx + q(2p + a)\cos qx\} = 0$$

が成り立ち，$e^{px} \cos qx$, $e^{px} \sin qx$ は (C) の解である．また

$$e^{px} \cos qx(e^{px} \sin qx)' - (e^{px} \cos qx)' e^{px} \sin qx = q e^{2px} \neq 0$$

なので，定理1から，(C) の任意の解は $y = C_1 e^{px} \cos qx + C_2 e^{px} \sin qx$.

例6. $y'' - 3y' + 2y = 0$

$t^2 - 3t + 2 = 0$ の解は $1, 2$ である．よって定理3(1)から，求める解は

$$y = C_1 e^x + C_2 e^{2x}$$

例7. $y'' + 4y' + 4y = 0$

$t^2 + 4t + 4 = 0$ は重解 -2 をもつ．よって定理3(2)から，求める解は

$$y = C_1 e^{-2x} + C_2 x e^{-2x}$$

例8. $y'' + 2y' + 2y = 0$

$t^2 + 2t + 2 = 0$ の解は $-1 \pm i$ である．よって定理3(3)から，求める解は

$$y = C_1 e^{-x} \cos x + C_2 e^{-x} \sin x$$

問8. 次の微分方程式を解け．
(1) $y'' - 2y = 0$ 　　(2)$y'' + 4y = 0$ 　　(3)$y'' - 2y' + y = 0$
(4) $y'' + y' - 2y = 0$ 　　(5) $y'' + 6y' + 9y = 0$ 　　(6) $y'' - y' + y = 0$

問9. 次の条件を満たす解を求めよ．
(1) $y'' + 3y' + 2y = 0$,　$y(0) = 2$,　$y'(0) = -3$
(2) $y'' - 4y' + 4y = 0$,　$y(0) = -1$,　$y'(0) = 1$
(3) $y'' - 2y' + 2y = 0$,　$y(0) = 1$,　$y'(0) = 0$

問10（減衰振動）.　x 軸上で，一端が固定されたばねの他端に結ばれた質量 m の
おもりが，速さに比例した抵抗力を受けながら振動しているとする．そのおもりの運
動方程式は

$$m\frac{d^2 x}{dt^2} = -kx - \lambda\frac{dx}{dt}$$

(t は時間，k, λ は正の定数）となる．この微分方程式を解け．

注.　方程式 (C) は，$z = y e^{ax/2}$ とおくと

$$z'' = \frac{1}{4}(a^2 - 4b)z$$

と書き換えることができる.

5.2.3 定係数非同次形

(D) $\qquad y'' + ay' + by = R(x) \qquad$ (a,b は定数)

を定係数(非同次)2階線形微分方程式という.

例9. $y'' + 3y' + 2y = 6e^x$

$y'' + 3y' + 2y = 0$ の解は $C_1 e^{-x} + C_2 e^{-2x}$ である. また $y = e^x$ は与えられた方程式の1つの解である. よって定理2から, 求める解は

$$y = C_1 e^{-x} + C_2 e^{-2x} + e^x$$

例10. $y'' + 3y = \sin x$

$y'' + 3y = 0$ の解は $C_1 \cos \sqrt{3}x + C_2 \sin \sqrt{3}x$ である. また $y = \dfrac{1}{2}\sin x$ は与えられた方程式の1つの解である. よって定理2から, 求める解は

$$y = C_1 \cos \sqrt{3}x + C_2 \sin \sqrt{3}x + \frac{1}{2}\sin x$$

問11. 次の微分方程式を解け.
(1) $y'' + y = e^x$ (2) $y'' - y = e^{2x}$ (3) $y'' + 4y' + 4y = e^{-x}$
(4) $y'' - 4y = \cos x$ (5) $y'' - y' - 2y = \sin x$ (6) $y'' - 2y' + 2y = 2x$
(7) $y'' - 2y' + y = x^2$

問12(強制振動). x 軸上で, 一端が固定されたばねの他端に結ばれた質量 m のおもりが, 周期的に変化する外力 $F\cos\omega t$ (t は時間, F,ω は正の定数) を受けながら振動しているとする. そのおもりの運動方程式は

$$m\frac{d^2x}{dt^2} = -kx + F\cos\omega t$$

(k は正の定数) となる. この微分方程式を解け.

5.3　他の微分方程式
5.3.1　ベルヌーイの微分方程式

(A) $\qquad y' + P(x)y = Q(x)y^n \quad (n \neq 1)$

の形の微分方程式を，ベルヌーイの微分方程式という．両辺を y^n で割って

$$y^{-n}y' + P(x)y^{1-n} = Q(x)$$

$z = y^{1-n}$ とおき，$z' = (y^{1-n})' = (1-n)y^{-n}y'$ に注意して書き換えると

$$z' + (1-n)P(x)z = (1-n)Q(x)$$

これは1階線形微分方程式だから，解 $z = z(x)$ を求めることができ，(A) の解も求まる．

問13. 次の微分方程式を解け．

(1) $y' + y = \dfrac{e^{-x}}{y}$ $\qquad$ (2) $y' + y = e^x y^2$ $\qquad$ (3) $y' + \dfrac{y}{2x} = \dfrac{1}{y}$

(4) $y' - \dfrac{1}{2}y = xy^3$

5.3.2　オイラーの微分方程式

(B) $\qquad x^2 y'' + axy' + by = 0 \qquad (a,b$ は定数$)$

の形の微分方程式を，オイラーの微分方程式という．$x = e^t$ と変数変換すると，$t = \log x$ だから $\dfrac{dt}{dx} = \dfrac{1}{x}$ である．よって

$$\frac{dy}{dx} = \frac{dy}{dt} \cdot \frac{dt}{dx} = \frac{dy}{dt} \cdot \frac{1}{x}$$

$$\frac{d^2y}{dx^2} = \frac{d}{dx}\left(\frac{dy}{dt} \cdot \frac{1}{x}\right) = \frac{d}{dx}\left(\frac{dy}{dt}\right) \cdot \frac{1}{x} - \frac{dy}{dt} \cdot \frac{1}{x^2}$$

$$= \frac{d^2y}{dt^2} \cdot \frac{dt}{dx} \cdot \frac{1}{x} - \frac{dy}{dt} \cdot \frac{1}{x^2} = \frac{d^2y}{dt^2} \cdot \frac{1}{x^2} - \frac{dy}{dt} \cdot \frac{1}{x^2}$$

(B) に代入して

$$\frac{d^2y}{dt^2} + (a-1)\frac{dy}{dt} + by = 0$$

これは定係数同次2階線形微分方程式だから，解 $y = y(t)$ を求めることができる．(B) の解は $y = y(\log x)$ である．

問14. 次の微分方程式を解け.

(1) $x^2y'' - 2y = 0$ (2) $x^2y'' - xy' + y = 0$ (3) $x^2y'' - xy' + 2y = 0$

問15. 次の微分方程式を解け.

(1) $x^2y'' - 3xy' + 4y = x$ (2) $x^2y'' + 2xy' - 2y = \dfrac{1}{x}$

(3) $x^2y'' + xy' + y = \log x$

6.1 数列の極限

正の整数 n に対して，ある実数 a_n を（一意的に）対応させる規則を，数列 $\{a_n\}$ という．数列 $\{a_n\}$ について，n が限りなく大きくなるときに，a_n の値がある一定の値 α に限りなく近づくことを，$n \to \infty$ のとき $\{a_n\}$ は α に収束するという．これを

$$\lim_{n \to \infty} a_n = \alpha \quad \text{または，} \quad n \to \infty \text{ のとき } a_n \to \alpha$$

と表し，α を $n \to \infty$ のときの $\{a_n\}$ の極限（値）という．収束しないことを発散するという．

$n \to \infty$ のときに a_n の値が限りなく大きくなることを

$$\lim_{n \to \infty} a_n = \infty \quad \text{または，} \quad n \to \infty \text{ のとき } a_n \to \infty$$

と表し，$n \to \infty$ のとき $\{a_n\}$ は正の無限大に発散するという．また $n \to \infty$ のときに a_n の値が負で絶対値が限りなく大きくなることを

$$\lim_{n \to \infty} a_n = -\infty \quad \text{または，} \quad n \to \infty \text{ のとき } a_n \to -\infty$$

と表し，$n \to \infty$ のとき $\{a_n\}$ は負の無限大に発散するという．

例1. (1) $\displaystyle \lim_{n \to \infty} \frac{1}{n} = 0$ (2) $\displaystyle \lim_{n \to \infty} \left(1 - \frac{1}{2^n}\right) = 1$ (3) $\displaystyle \lim_{n \to \infty} n^2 = \infty$

(4) $\lim_{n\to\infty} (-3^n) = -\infty$

例2. $n \to \infty$ のとき,数列 $\{(-1)^n\}$, $\{(-1)^n n\}$, $\{(-2)^n\}$ の極限は存在しない.

関数の極限の場合と同様に,次のことが成り立つ.

定理1. $\lim_{n\to\infty} a_n = \alpha$, $\lim_{n\to\infty} b_n = \beta$ のとき
(1) $\lim_{n\to\infty} ka_n = k\alpha$ (k は定数)
(2) $\lim_{n\to\infty} (a_n + b_n) = \alpha + \beta$
(3) $\lim_{n\to\infty} a_n b_n = \alpha\beta$
(4) $\beta \neq 0$ のとき,$\lim_{n\to\infty} \dfrac{a_n}{b_n} = \dfrac{\alpha}{\beta}$

定理2.(1) $a_n \leq b_n$ であり $\lim_{n\to\infty} a_n = \alpha$, $\lim_{n\to\infty} b_n = \beta$ ならば,$\alpha \leq \beta$
(2) $a_n \leq c_n \leq b_n$ であり $\lim_{n\to\infty} a_n = \lim_{n\to\infty} b_n = \alpha$ ならば,$\lim_{n\to\infty} c_n = \alpha$
(3) $a_n \geq b_n$ であり $\lim_{n\to\infty} b_n = \infty$ ならば,$\lim_{n\to\infty} a_n = \infty$
(4) $a_n \leq b_n$ であり $\lim_{n\to\infty} b_n = -\infty$ ならば,$\lim_{n\to\infty} a_n = -\infty$

例3. $\lim_{n\to\infty} \dfrac{2^n}{n!} = 0$
証明. $n \geq 2$ のとき
$$0 < \frac{2^n}{n!} = \frac{2\cdot2\cdot2\cdots2\cdot2\cdot2}{n(n-1)(n-2)\cdots3\cdot2\cdot1} \leq \frac{4}{n}$$
ここで $\lim_{n\to\infty} \dfrac{4}{n} = 0$ だから,$\lim_{n\to\infty} \dfrac{2^n}{n!} = 0$

例4. $\lim_{n\to\infty} \dfrac{n}{2^n} = 0$

証明. $n \geq 2$ のとき，二項定理から

$$2^n = (1+1)^n = \sum_{k=0}^{n} {}_nC_k > {}_nC_2 = \frac{1}{2}n(n-1)$$

だから

$$0 < \frac{n}{2^n} < \frac{2}{n-1}$$

ここで $\displaystyle\lim_{n\to\infty} \frac{2}{n-1} = 0$ だから，$\displaystyle\lim_{n\to\infty} \frac{n}{2^n} = 0$

問1. 次の極限を求めよ．

(1) $\displaystyle\lim_{n\to\infty} \frac{3^n}{n!}$ 　　(2) $\displaystyle\lim_{n\to\infty} \frac{n!}{n^n}$ 　　(3) $\displaystyle\lim_{n\to\infty} \frac{n^2}{2^n}$ 　　(4) $\displaystyle\lim_{n\to\infty} \sqrt[n]{n}$

命題1. $0 < \alpha \leq 1$ のとき $\displaystyle a_n = \sum_{k=1}^{n} \frac{1}{k^\alpha}$ とおくと，$\displaystyle\lim_{n\to\infty} a_n = \infty$

証明. (1) $\alpha = 1$ のとき

$$a_n = \sum_{k=1}^{n} \frac{1}{k} > \int_1^{n+1} \frac{dx}{x} = \log(n+1)$$

ここで $\displaystyle\lim_{n\to\infty} \log(n+1) = \infty$ だから，$\displaystyle\lim_{n\to\infty} a_n = \infty$

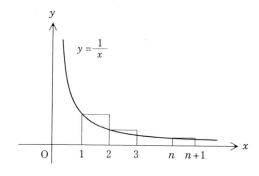

(2) $0 < \alpha < 1$ のとき

$$a_n = \sum_{k=1}^{n} \frac{1}{k^\alpha} \geq \sum_{k=1}^{n} \frac{1}{k}$$

だから, (1) より, $\displaystyle\lim_{n \to \infty} a_n = \infty$

例5. $a_{n+1} = \sqrt{a_n + 1}$, $a_1 \geq -1$, で与えられる数列 $\{a_n\}$ は収束する.

証明. もし収束して $\displaystyle\lim_{n \to \infty} a_n = \alpha$ とすると, $a_{n+1} = \sqrt{a_n + 1}$ で $n \to \infty$ と

して $\alpha = \sqrt{\alpha + 1}$ だから, $\alpha = \dfrac{1 + \sqrt{5}}{2}$ である. そこで $\alpha = \dfrac{1 + \sqrt{5}}{2}$ とおい

て $\displaystyle\lim_{n \to \infty} a_n = \alpha$ を示す.

$$a_{n+1} - \alpha = \sqrt{a_n + 1} - \sqrt{\alpha + 1} = \frac{a_n - \alpha}{\sqrt{a_n + 1} + \sqrt{\alpha + 1}}$$

だから

$$|a_{n+1} - \alpha| = \frac{|a_n - \alpha|}{\sqrt{a_n + 1} + \sqrt{\alpha + 1}} \leq \frac{|a_n - \alpha|}{\sqrt{\alpha + 1}}$$

よって

$$0 \leq |a_n - \alpha| \leq \frac{|a_{n-1} - \alpha|}{\sqrt{\alpha + 1}} \leq \frac{|a_{n-2} - \alpha|}{(\sqrt{\alpha + 1})^2} \leq \cdots \leq \frac{|a_1 - \alpha|}{(\sqrt{\alpha + 1})^{n-1}}$$

ここで $\displaystyle\lim_{n \to \infty} \frac{1}{(\sqrt{\alpha + 1})^{n-1}} = 0$ だから, $\displaystyle\lim_{n \to \infty} |a_n - \alpha| = 0$ となり $\displaystyle\lim_{n \to \infty} a_n = \alpha$

を得る.

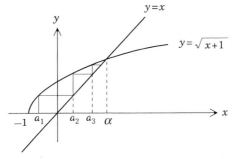

問2. 次の式で与えられる数列 $\{a_n\}$ が収束することを示せ.

(1) $a_{n+1} = \dfrac{1}{a_n + 1}$,　$a_1 \geq 0$　　　(2) $a_{n+1} = \sqrt[3]{a_n + 1}$,　$a_1 \geq -1$

(3) $a_{n+1} = \dfrac{1}{2}\cos a_n$,　a_1 は任意

　ある定数 M が存在して, $a_n \leq M$ がすべての n に対して成り立つとき, $\{a_n\}$ は上に有界であるという. また, ある定数 L が存在して, $a_n \geq L$ がすべての n に対して成り立つとき, $\{a_n\}$ は下に有界であるという.

　すべての n に対して $a_n \leq a_{n+1}$ のとき, $\{a_n\}$ を単調増加列という. また, すべての n に対して $a_n \geq a_{n+1}$ のとき, $\{a_n\}$ を単調減少列という.

例6.(1) $\left\{ 1 - \dfrac{1}{n} \right\}$ は上に有界な単調増加列であり, $\displaystyle\lim_{n \to \infty}\left(1 - \dfrac{1}{n} \right) = 1$ である.

(2) $\left\{ \dfrac{1}{3^n} \right\}$ は下に有界な単調減少列であり, $\displaystyle\lim_{n \to \infty}\dfrac{1}{3^n} = 0$ である.

　一般に次のことが成り立つ.

定理3.　(1) 上に有界な単調増加列は収束する.

(2) 下に有界な単調減少列は収束する.

命題2. $\alpha > 1$ のとき $a_n = \displaystyle\sum_{k=1}^{n} \dfrac{1}{k^\alpha}$ とおくと, $\{a_n\}$ は収束する.

証明.
$$a_n = \sum_{k=1}^{n} \frac{1}{k^\alpha} = 1 + \sum_{k=2}^{n} \frac{1}{k^\alpha} \leq 1 + \int_1^n \frac{dx}{x^\alpha}$$
$$= 1 + \frac{1}{\alpha - 1}\left(1 - \frac{1}{n^{\alpha - 1}} \right) < 1 + \frac{1}{\alpha - 1}$$

だから，$\{a_n\}$ は上に有界な単調増加列となり，収束する．

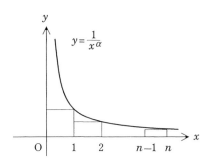

命題3. 数列 $\left\{\left(1+\dfrac{1}{n}\right)^n\right\}$ は収束する（その極限を e と表す）．

証明．$a_n = \left(1+\dfrac{1}{n}\right)^n$ とおく．$n \geq 2$ のとき，二項定理を用いて

$$a_n = \left(1+\frac{1}{n}\right)^n = \sum_{k=0}^{n} {}_nC_k \frac{1}{n^k}$$

$$= 2 + \sum_{k=2}^{n} \frac{1}{k!}\left(1-\frac{1}{n}\right)\left(1-\frac{2}{n}\right)\cdots\left(1-\frac{k-1}{n}\right)$$

$$< 2 + \sum_{k=2}^{n} \frac{1}{k!}\left(1-\frac{1}{n+1}\right)\left(1-\frac{2}{n+1}\right)\cdots\left(1-\frac{k-1}{n+1}\right)$$

$$< 2 + \sum_{k=2}^{n+1} \frac{1}{k!}\left(1-\frac{1}{n+1}\right)\left(1-\frac{2}{n+1}\right)\cdots\left(1-\frac{k-1}{n+1}\right) = a_{n+1}$$

また

$$a_n < 2 + \sum_{k=2}^{n} \frac{1}{k!} \leq 2 + \sum_{k=2}^{n} \frac{1}{(k-1)k}$$

$$= 2 + \sum_{k=2}^{n} \left(\frac{1}{k-1} - \frac{1}{k}\right) = 3 - \frac{1}{n} < 3$$

だから，$\{a_n\}$ は上に有界な単調増加列となり，収束する．

> **命題4.** $\displaystyle\lim_{x\to 0}(1+x)^{\frac{1}{x}}=e$

証明. $x=\dfrac{1}{t}$ として

$$\lim_{t\to\infty}\left(1+\frac{1}{t}\right)^{t}=\lim_{t\to-\infty}\left(1+\frac{1}{t}\right)^{t}=e$$

を示す.

(1) $n\le t<n+1$ のとき

$$\left(1+\frac{1}{t}\right)^{t}<\left(1+\frac{1}{n}\right)^{n+1}=\left(1+\frac{1}{n}\right)^{n}\left(1+\frac{1}{n}\right)$$

$$\left(1+\frac{1}{t}\right)^{t}>\left(1+\frac{1}{n+1}\right)^{n}=\left(1+\frac{1}{n+1}\right)^{n+1}\left(1+\frac{1}{n+1}\right)^{-1}$$

だから

$$\left(1+\frac{1}{n+1}\right)^{n+1}\left(1+\frac{1}{n+1}\right)^{-1}<\left(1+\frac{1}{t}\right)^{t}<\left(1+\frac{1}{n}\right)^{n}\left(1+\frac{1}{n}\right)$$

$t\to\infty$ のとき $n\to\infty$ であり, 命題3から

$$\lim_{n\to\infty}\left(1+\frac{1}{n+1}\right)^{n+1}\left(1+\frac{1}{n+1}\right)^{-1}=\lim_{n\to\infty}\left(1+\frac{1}{n}\right)^{n}\left(1+\frac{1}{n}\right)=e$$

だから, $\displaystyle\lim_{t\to\infty}\left(1+\frac{1}{t}\right)^{t}=e$

(2) $$\lim_{t\to-\infty}\left(1+\frac{1}{t}\right)^{t}=\lim_{u\to\infty}\left(1-\frac{1}{u}\right)^{-u}$$

$$=\lim_{u\to\infty}\left(\frac{u}{u-1}\right)^{u}=\lim_{u\to\infty}\left(1+\frac{1}{u-1}\right)^{u-1}\cdot\frac{u}{u-1}=e$$

6.2　級数の収束発散

数列 $\{a_n\}$ に対して, その (形式的) 無限和

$$\sum_{n=1}^{\infty}a_n=a_1+a_2+\cdots+a_n+\cdots$$

を級数という. $S_k = \sum_{n=1}^{k} a_n$ を第 k 部分和という. 部分和の数列 $\{S_k\}$ が収束

するとき, $\sum_{n=1}^{\infty} a_n$ は収束するといい, $\{S_k\}$ が発散するとき, $\sum_{n=1}^{\infty} a_n$ は発散す

るという. また, $\lim_{k \to \infty} S_k = S$ のとき $\sum_{n=1}^{\infty} a_n = S$ とかく.

例7.(1) $0 < |r| < 1$ のとき $\sum_{n=0}^{\infty} r^n = \dfrac{1}{1-r}$

(2) $|r| \geq 1$ のとき $\sum_{n=0}^{\infty} r^n$ は発散する.

証明. $\quad (1-r)(1+r+r^2+\cdots+r^k) = 1 - r^{k+1}$

だから, $r \neq 0, 1$ のとき

$$\sum_{n=0}^{k} r^n = \frac{1-r^{k+1}}{1-r}$$

$|r|$ の値により場合分けをして, 求める結果を得る.

命題1, 2は次のように言い換えることができる.

例8.(1) $0 < \alpha \leq 1$ のとき $\sum_{n=1}^{\infty} \dfrac{1}{n^\alpha} = \infty$

(2) $\alpha > 1$ のとき $\sum_{n=1}^{\infty} \dfrac{1}{n^\alpha}$ は収束する.

命題5. $\sum_{n=1}^{\infty} a_n$ が収束するならば, $\lim_{n \to \infty} a_n = 0$

証明. $\displaystyle\sum_{n=1}^{\infty} a_n = S$ とする.

$$a_n = \sum_{k=1}^{n} a_k - \sum_{k=1}^{n-1} a_k$$

だから，$n \to \infty$ とすると

$$\lim_{n \to \infty} a_n = S - S = 0$$

注. この命題の逆は一般には成り立たない（たとえば例8(1)）.

すべての n に対して $a_n \geq 0$ のとき，$\displaystyle\sum_{n=1}^{\infty} a_n$ を正項級数という. このとき，$\displaystyle\sum_{n=1}^{\infty} a_n$ が発散することと $\displaystyle\sum_{n=1}^{\infty} a_n = \infty$ は同値である.

定理4（比較判定法）. $\displaystyle\sum_{n=1}^{\infty} a_n, \ \sum_{n=1}^{\infty} b_n$ を正項級数とする.

(1) $a_n \leq b_n$ であり $\displaystyle\sum_{n=1}^{\infty} b_n$ が収束するならば，$\displaystyle\sum_{n=1}^{\infty} a_n$ も収束する.

(2) $a_n \geq b_n$ であり $\displaystyle\sum_{n=1}^{\infty} b_n$ が発散するならば，$\displaystyle\sum_{n=1}^{\infty} a_n$ も発散する.

証明. (1) $$\sum_{n=1}^{k} a_n \leq \sum_{n=1}^{k} b_n \leq \sum_{n=1}^{\infty} b_n$$

だから，数列 $\left\{\displaystyle\sum_{n=1}^{k} a_n\right\}$ は上に有界な単調増加列となり，$\displaystyle\sum_{n=1}^{\infty} a_n$ は収束する.

(2) $$\sum_{n=1}^{k} a_n \geq \sum_{n=1}^{k} b_n$$

であり，$\displaystyle\sum_{n=1}^{\infty} b_n = \infty$ だから $\displaystyle\sum_{n=1}^{\infty} a_n = \infty$

例 9. $\displaystyle\sum_{n=1}^{\infty}\frac{n}{n^3+1}$ は収束する.

証明.
$$\frac{n}{n^3+1} < \frac{n}{n^3} = \frac{1}{n^2}$$
であり, $\displaystyle\sum_{n=1}^{\infty}\frac{1}{n^2}$ は収束するから, $\displaystyle\sum_{n=1}^{\infty}\frac{n}{n^3+1}$ は収束する.

例 10. $\displaystyle\sum_{n=1}^{\infty}\frac{n}{n^2+1}$ は発散する.

証明.
$$\frac{n}{n^2+1} \geq \frac{n}{n^2+n^2} = \frac{1}{2n}$$
であり, $\displaystyle\sum_{n=1}^{\infty}\frac{1}{n}$ は発散するから, $\displaystyle\sum_{n=1}^{\infty}\frac{n}{n^2+1}$ は発散する.

問 3. 次の正項級数の収束発散を調べよ.

(1) $\displaystyle\sum_{n=1}^{\infty}\frac{\sqrt{n}}{n^2+2}$ 　　(2) $\displaystyle\sum_{n=1}^{\infty}\frac{n^2}{(n+1)^3}$ 　　(3) $\displaystyle\sum_{n=1}^{\infty}\frac{n}{2n^3-1}$

(4) $\displaystyle\sum_{n=1}^{\infty}\frac{1}{2^n+1}$ 　　(5) $\displaystyle\sum_{n=1}^{\infty}\left(\frac{n}{2n-1}\right)^n$ 　　(6) $\displaystyle\sum_{n=1}^{\infty}(\sqrt{n^2+1}-n)$

(7) $\displaystyle\sum_{n=1}^{\infty}(\sqrt[3]{n^3+1}-n)$ 　　(8) $\displaystyle\sum_{n=1}^{\infty}\frac{n!}{n^n}$

$a_n \geq 0$ である数列 $\{a_n\}$ に対して
$$\sum_{n=1}^{\infty}(-1)^{n-1}a_n = a_1 - a_2 + a_3 - a_4 + \cdots$$
の形の級数を交代級数という.

定理 5（ライプニッツの判定法）. $\{a_n\}$ が 0 に収束する単調減少列ならば, 交代級数 $\displaystyle\sum_{n=1}^{\infty}(-1)^{n-1}a_n$ は収束する.

証明. 第 k 部分和を

$$S_k = \sum_{n=1}^{k}(-1)^{n-1}a_n$$

とおくと

$$S_{2m} = (a_1 - a_2) + (a_3 - a_4) + \cdots + (a_{2m-1} - a_{2m})$$

$$S_{2m} = a_1 - (a_2 - a_3) - \cdots - (a_{2m-2} - a_{2m-1}) - a_{2m} \leq a_1$$

だから，$\{S_{2m}\}$ は上に有界な単調増加列となり，収束する．そこで $\lim_{m \to \infty} S_{2m} = S$ とすると

$$\lim_{m \to \infty} S_{2m+1} = \lim_{m \to \infty} (S_{2m} + a_{2m+1}) = S$$

だから，$\lim_{k \to \infty} S_k = S$ である．よって $\sum_{n=1}^{\infty}(-1)^{n-1}a_n$ は収束する．

例11. $\displaystyle\sum_{n=1}^{\infty}\frac{(-1)^{n-1}}{n}$, $\displaystyle\sum_{n=1}^{\infty}\frac{(-1)^{n-1}}{\sqrt{n}}$ は収束する．

問4. $\displaystyle\sum_{n=1}^{\infty}(-1)^{n-1}\frac{\log n}{n}$ は収束することを示せ．

例12（テーラー展開）. 第1章例17から

$$e^x = \sum_{k=0}^{n-1}\frac{x^k}{k!} + \frac{e^{\theta x}}{n!}x^n \quad (0 < \theta < 1)$$

となる θ が存在する．

$$0 \leq \left|\frac{e^{\theta x}}{n!}x^n\right| \leq e^{|x|}\frac{|x|^n}{n!}$$

$|x| \leq M$ となる正の整数 M をとると，例3と同様にして，$n \geq M$ のとき

$$0 \leq \frac{|x|^n}{n!} \leq \frac{M^n}{n!} \leq \frac{M^M}{(M-1)!} \cdot \frac{1}{n}$$

だから $\lim\limits_{n\to\infty} \dfrac{|x|^n}{n!} = 0$ となり，$\lim\limits_{n\to\infty}\left|\dfrac{e^{\theta x}}{n!}x^n\right| = 0$ となる．よって，最初の式で $n \to \infty$ とすると

$$e^x = \sum_{k=0}^{\infty}\frac{x^k}{k!} = 1 + \frac{x}{1!} + \frac{x^2}{2!} + \cdots + \frac{x^k}{k!} + \cdots$$

問5. 第1章例18, 19に対して，上の例と同様にして，次の式を示せ．

(1) $\sin x = \sum_{k=0}^{\infty}\dfrac{(-1)^k}{(2k+1)!}x^{2k+1} = x - \dfrac{x^3}{3!} + \dfrac{x^5}{5!} - \cdots + \dfrac{(-1)^k}{(2k+1)!}x^{2k+1} + \cdots$

(2) $\cos x = \sum_{k=0}^{\infty}\dfrac{(-1)^k}{(2k)!}x^{2k} = 1 - \dfrac{x^2}{2!} + \dfrac{x^4}{4!} - \cdots + \dfrac{(-1)^k}{(2k)!}x^{2k} + \cdots$

注. C^∞ 級関数であっても，テーラー展開可能であるとは限らない（たとえば第1章例23の関数）．

付　録

　この付録では，三角関数，指数，対数に関する，いくつかの基本的事項を列挙する．

A.1　三角関数

(1) 弧度法

　半径1の円の，長さ1の弧に対する中心角を1ラジアン，または1弧度といい，これを単位として角度を表す方法を弧度法という．長さ θ の弧に対する

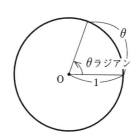

中心角が，θ ラジアンだから，たとえば，π ラジアン $= 180°$，$\dfrac{\pi}{2}$ ラジアン $= 90°$ となる．単位のラジアンは省略することが多い．

(2) 余弦定理

三角形 ABC について，角 A の角度を θ とすると，

$$BC^2 = AB^2 + AC^2 - 2AB \cdot AC \cos\theta$$

(3) 加法定理

$$\sin(\alpha + \beta) = \sin\alpha\cos\beta + \cos\alpha\sin\beta$$
$$\cos(\alpha + \beta) = \cos\alpha\cos\beta - \sin\alpha\sin\beta$$
$$\tan(\alpha + \beta) = \frac{\tan\alpha + \tan\beta}{1 - \tan\alpha\tan\beta}$$

(4) 2倍角の公式

$$\sin 2\alpha = 2\sin\alpha\cos\alpha$$
$$\cos 2\alpha = \cos^2\alpha - \sin^2\alpha = 2\cos^2\alpha - 1$$
$$= 1 - 2\sin^2\alpha$$

$$\tan 2\alpha = \frac{2\tan\alpha}{1-\tan^2\alpha}$$

(5) 半角の公式

$$\sin^2\frac{\alpha}{2} = \frac{1}{2}(1-\cos\alpha), \quad \cos^2\frac{\alpha}{2} = \frac{1}{2}(1+\cos\alpha)$$

$$\tan^2\frac{\alpha}{2} = \frac{1-\cos\alpha}{1+\cos\alpha}$$

A.2　指数

(1) （ア）$a \geq 0$, m が偶数のとき

$$x^m = a, \quad x \geq 0$$

となる x を $\sqrt[m]{a}$ と表す.

（イ）a が実数, m が奇数のとき

$$x^m = a$$

となる x を $\sqrt[m]{a}$ と表す.

(2) （ア）$a \neq 0$, m が正の整数のとき

$$a^0 = 1, \quad a^{-m} = \frac{1}{a^m}$$

と定める.

（イ）$a > 0$, m が正の整数, n が整数のとき

$$a^{\frac{n}{m}} = \sqrt[m]{a^n}, \quad 特に \quad a^{\frac{1}{m}} = \sqrt[m]{a}$$

と定める.

（ウ）$a > 0$, p が無理数のとき, p に近づく有理数列 $\{r_k\}$ をとり

$$a^p = \lim_{k\to\infty} a^{r_k}$$

と定める.

(3) $a, b > 0$, p, q が実数のとき

$$a^p a^q = a^{p+q}, \quad (a^p)^q = a^{pq}, \quad (ab)^p = a^p b^p$$

が成り立つ.

A.3 対数

$a > 0$, $a \neq 1$, $M > 0$ に対して

$$a^p = M$$

となる p を $\log_a M$ と表し，a を底とする M の対数という．

(1) $a > 0$, $a \neq 1$, $M, N > 0$, p が実数のとき

$$\log_a MN = \log_a M + \log_a N$$

$$\log_a \frac{M}{N} = \log_a M - \log_a N$$

$$\log_a M^p = p \log_a M$$

が成り立つ．

(2) $a, b > 0$, $a, b \neq 1$, $M > 0$ のとき

$$\log_a M = \frac{\log_b M}{\log_b a}$$

が成り立つ．

解 答

第1章

問1.(1) 1　(2) $3x^2$　(3) $-\dfrac{1}{x^2}$　(4) $-\dfrac{1}{2x\sqrt{x}}$　(5) $-\dfrac{2x}{(x^2+1)^2}$　(6) $-\dfrac{x}{\sqrt{1-x^2}}$

(7) $\dfrac{1-x}{2\sqrt{x}(x+1)^2}$　(8) $\dfrac{1}{3\sqrt[3]{x^2}}$

問2.(1) $-\dfrac{1}{(x-1)^2}$　(2) $-\dfrac{2x}{(x^2+1)^2}$　(3) $-\dfrac{x^2+1}{(x^2-1)^2}$　(4) $\dfrac{x(2-x^3)}{(x^3+1)^2}$

問3.(1) $8(2x+1)^3$　(2) $3(2x-1)(x^2-x+1)^2$　(3) $(11x+4)(x-1)^4(x+2)^5$

(4) $\dfrac{x^2(3-5x^2)}{(x^2+1)^5}$

問4.(1) $\dfrac{1}{2\sqrt{x}}-\dfrac{1}{2x\sqrt{x}}$　(2) $\dfrac{1}{3\sqrt[3]{x^2}}-\dfrac{1}{4\sqrt[4]{x^3}}$　(3) $\dfrac{3x^2}{2\sqrt{x^3+1}}$　(4) $\dfrac{1}{(1-x^2)\sqrt{1-x^2}}$

問5.(1) $\cos^2 x-\sin^2 x=\cos 2x$　(2) $5\cos 5x-2x\sin(x^2)$

(3) $\sin x\cos x(2-3\cos x)$　(4) $-\dfrac{1}{\sin^2 x}$　(5) $\dfrac{1+2\cos x}{(2+\cos x)^2}$

問6.(1) $\dfrac{2x}{x^2+1}+\dfrac{2\log x}{x}$　(2) $\log x$　(3) $\dfrac{\log x}{(\log x+1)^2}$　(4) $-\tan x$

(5) $\dfrac{1}{x\log x}$　(6) $\dfrac{1}{\sqrt{x^2+1}}$

問7.(1) $3e^{3x}-2e^{-2x}$　(2) $-2xe^{-x^2}+\dfrac{1}{x^2}e^{-\frac{1}{x}}$　(3) $\dfrac{e^x(1-e^{2x})}{(e^{2x}+1)^2}$

(4) $x^x(\log x+1)$

問8.(1) $\dfrac{\pi}{3}$　(2) $\dfrac{\pi}{2}$　(3) $\dfrac{\pi}{4}$

問10.(1) $\dfrac{1}{\sqrt{a^2-x^2}}$　(2) $\dfrac{1}{a^2+x^2}$　(3) $0<x<1$ のとき $-\dfrac{1}{\sqrt{1-x^2}}$, $-1<x<0$

のとき $\dfrac{1}{\sqrt{1-x^2}}$　(4) $\dfrac{1}{x\sqrt{x^2-1}}$

問11.(1) $x=\sqrt{2}$ のとき極小値 $-4\sqrt{2}$, $x=-\sqrt{2}$ のとき極大値 $4\sqrt{2}$

(2) $x=\pm 2$ のとき極小値 -16, $x=0$ のとき極大値 0

(3) $x=3$ のとき極大値 27

(4) $x=1$ のとき極大値 $\dfrac{1}{2}$, $x=-1$ のとき極小値 $-\dfrac{1}{2}$

(5) $x=2$ のとき極小値 4, $x=0$ のとき極大値 0

(6) $x=\dfrac{1}{\sqrt{2}}$ のとき極大値 $\dfrac{1}{2}$, $x=-\dfrac{1}{\sqrt{2}}$ のとき極小値 $-\dfrac{1}{2}$

(7) $x = \dfrac{1}{\sqrt{2}}$ のとき極大値 $\dfrac{1}{\sqrt{2}}e^{-\frac{1}{2}}$, $x = -\dfrac{1}{\sqrt{2}}$ のとき極小値 $-\dfrac{1}{\sqrt{2}}e^{-\frac{1}{2}}$

(8) $x = 3$ のとき極大値 $27e^{-3}$

(9) $x = e$ のとき極大値 $\dfrac{1}{e}$

(10) $x = \dfrac{\pi}{3}$ のとき極大値 $\sqrt{3} - \dfrac{\pi}{3}$, $x = -\dfrac{\pi}{3}$ のとき極小値 $-\sqrt{3} + \dfrac{\pi}{3}$

問 12.(1) $2^n e^{2x}$ (2) $(-1)^{n-1}(n-1)! x^{-n}$ (3) $\sin\left(x + \dfrac{n\pi}{2}\right)$

(4) $\dfrac{(-1)^n n!}{2}\{(x-1)^{-n-1} - (x+1)^{-n-1}\}$

問 14.(1) $x = 0$ のとき極小値 1, $x = 1$ のとき極大値 2

(2) $x = -1$ のとき極小値 -5, $x = 0$ のとき極大値 0, $x = 2$ のとき極小値 -32

(3) $x = 0$ のとき極小値 0, $x = 2$ のとき極大値 $4e^{-2}$

(4) $x = \dfrac{\pi}{6}$ のとき極大値 $\dfrac{\pi}{6} + \sqrt{3}$, $x = \dfrac{5\pi}{6}$ のとき極小値 $\dfrac{5\pi}{6} - \sqrt{3}$

(5) $x = \sqrt{e}$ のとき極大値 $\dfrac{1}{2e}$

問 15. $e^{-x}(38\sin 2x - 41\cos 2x)$

問 16.(1) $(-1)^n\{x^2 - (2n+1)x + n^2\}e^{-x}$

問 17. n が偶数のとき $(-1)^{\frac{n}{2}}n!$, n が奇数のとき 0

問 18.(2) n が偶数のとき $(n-1)^2(n-3)^2\cdots 3^2 \cdot 1^2$, n が奇数のとき 0

第2章

問 1.(1) $x - \dfrac{1}{2}x^2 + \dfrac{1}{3}x^3 - \dfrac{1}{4}x^4 + C$ (2) $\log|x| - \dfrac{2}{x} - \dfrac{1}{2x^2} + C$

(3) $\dfrac{2}{3}x\sqrt{x} + 2\sqrt{x} + C$ (4) $\dfrac{3}{4}x\sqrt[3]{x} - \dfrac{4}{5}x\sqrt[4]{x} + C$

問 2.(1) $\dfrac{1}{5}(x-1)^5 + C$ (2) $\dfrac{1}{8}(2x+1)^4 + C$ (3) $x - \log|x+1| + C$

(4) $-\dfrac{1}{3(3x-1)} + C$ (5) $-\dfrac{2}{3}(1-x)\sqrt{1-x} + C$ (6) $-\sqrt{1-2x} + C$

(7) $\dfrac{1}{2}e^{2x} - 2x - \dfrac{1}{2}e^{-2x} + C$ (8) $-\dfrac{1}{2}\cos 2x + \dfrac{1}{3}\sin 3x + C$

(9) $\dfrac{1}{2}x - \dfrac{1}{4}\sin 2x + C$ (10) $\dfrac{3}{8}x + \dfrac{1}{4}\sin 2x + \dfrac{1}{32}\sin 4x + C$

問 3.(1) $\log\left|\dfrac{x+1}{x+2}\right| + C$ (2) $\dfrac{1}{4}\log\left|\dfrac{x-2}{x+2}\right| + C$

(3) $\dfrac{1}{3}x^3 + x + \dfrac{1}{2}\log\left|\dfrac{x-1}{x+1}\right| + C$ (4) $3\log|x-2| - 2\log|x-1| + C$

問 4. (1) $\log\left|\dfrac{x}{x+1}\right| + \dfrac{1}{x+1} + C$

(2) $\dfrac{1}{4}\left(\log\left|\dfrac{x+1}{x-1}\right| - \dfrac{1}{x+1} - \dfrac{1}{x-1}\right) + C$

問5.(1) $\dfrac{1}{24}(2x+1)^6 - \dfrac{1}{20}(2x+1)^5 + C$

(2) $\log|x+2| + \dfrac{4}{x+2} - \dfrac{2}{(x+2)^2} + C$

(3) $\dfrac{2}{5}(1-x)^2\sqrt{1-x} - \dfrac{2}{3}(1-x)\sqrt{1-x} + C$

(4) $\dfrac{3}{5}(x+1)\sqrt[3]{(x+1)^2} - \dfrac{3}{2}\sqrt[3]{(x+1)^2} + C$

問6.(1) $\dfrac{1}{12}(x^3-1)^4 + C$ (2) $-\dfrac{1}{2(x^2+1)} + C$ (3) $-\sqrt{1-x^2} + C$

(4) $-\dfrac{1}{2}e^{-x^2} + C$ (5) $\dfrac{1}{4}\sin^4 x + C$ (6) $-\cos x + \dfrac{1}{3}\cos^3 x + C$

(7) $\sin x - \dfrac{2}{3}\sin^3 x + \dfrac{1}{5}\sin^5 x + C$ (8) $-\log|\cos x| + C$

問7. $\log|x| - \dfrac{1}{2}\log(x^2+1) + C$

問8.(1) $x - \log(e^x+1) + C$ (2) $\dfrac{1}{2}e^{2x} - e^x + \log(e^x+1) + C$

問9.(1) $\dfrac{1}{2}\log\left(\dfrac{1-\cos x}{1+\cos x}\right) + C$ (2) $\log\left|\tan\dfrac{x}{2}\right| + C$

問10.(1) $\dfrac{1}{2}(x\sqrt{x^2+A} + A\log|\sqrt{x^2+A}+x|) + C$

(2) $\log\left|\dfrac{\sqrt{x^2+x+1}+x-1}{\sqrt{x^2+x+1}+x+1}\right| + C$

問11. ($x>2$ のとき) (1) $\log(\sqrt{x-1}+\sqrt{x-2}) + \sqrt{(x-1)(x-2)} + C$

(2) $2\log(\sqrt{x-1}+\sqrt{x-2}) + C$

問12.(1) $\dfrac{1}{2}xe^{2x} - \dfrac{1}{4}e^{2x} + C$ (2) $x\sin x + \cos x + C$

(3) $-\dfrac{1}{3}x\cos 3x + \dfrac{1}{9}\sin 3x + C$ (4) $\dfrac{1}{2}x^2\log x - \dfrac{1}{4}x^2 + C$

(5) $-(x^2+2x+2)e^{-x} + C$ (6) $x^2\sin x + 2x\cos x - 2\sin x + C$

(7) $x(\log x)^2 - 2x\log x + 2x + C$

問13. $\dfrac{1}{2}e^x(\sin x - \cos x) + C$

問14.(1) $\dfrac{5}{12}$ (2) $\log 2 + \dfrac{1}{2}$ (3) $\dfrac{16}{3}$ (4) 2 (5) $e - e^{-1}$ (6) 2 (7) $2\log 2 - \log 3$

問15.(1) $\dfrac{1}{120}$ (2) $3\log 2 - 2$ (3) $\dfrac{2}{3}(4\sqrt{2}-5)$

問16.(1) $\dfrac{1}{8}a^2(\pi+2)$ (2) $\dfrac{\pi}{6}$ (3) $\dfrac{\pi}{3}$ (4) $\dfrac{1}{8}(\pi+2)$ (5) $\dfrac{\pi}{4a}$

問17.(1) $\dfrac{4}{3}$ (2) 2 (3) $\dfrac{2\pi}{3}+\sqrt{3}$ (4) $\dfrac{\pi}{9}$

問18.(1) $1 - 2e^{-1}$ (2) 1 (3) π (4) $\dfrac{1}{8}(\pi - 2)$

問19.(1) $\dfrac{4}{15}$ (2) $\dfrac{1}{3}$ (3) $\dfrac{37}{12}$ (4) $2\sqrt{2}$ (5) $\dfrac{1}{2}\log 2 + \dfrac{\pi}{4} - 1$ (6) $3e^{-1} - 1$

問20.(1) $\dfrac{1}{2}$ (2) $\dfrac{3}{2} - 2\log 2$ (3) 4π (4) $2\log 2 - \dfrac{5}{4}$

問21. πab

問22. $\dfrac{4}{3}$

問23.(1) $\dfrac{\pi}{30}$ (2) 2π (3) $\dfrac{\pi}{2}(3 + 4\log 2)$ (4) $\pi(e^2 + 4 - e^{-2})$ (5) $\dfrac{\pi^4}{6} - \dfrac{\pi^2}{4}$
(6) $\pi(e - 2)$

問24. $\dfrac{4\pi a^3}{3}$

問25. $4\pi^2$

問26.(1) $\dfrac{2}{27}(13\sqrt{13} - 8)$ (2) $\sqrt{2}(1 - e^{-6\pi})$ (3) 6

(4) $4\pi\sqrt{1 + 64\pi^2} + \dfrac{1}{2}\log(\sqrt{1 + 64\pi^2} + 8\pi)$

問27.(1) $\dfrac{1}{2}(e - e^{-1})$ (2) $\dfrac{1}{8}(e^2 + 7)$
(3) $\sqrt{1 + e^2} - \sqrt{2} + 1 - \log(\sqrt{1 + e^2} + 1) + \log(\sqrt{2} + 1)$
(4) $2 - \sqrt{2} - \dfrac{1}{2}\log 3 + \log(\sqrt{2} + 1)$

問28.(1) $10\pi\sqrt{a^2 + b^2}$ (2) $\dfrac{1}{27}(17\sqrt{17} - 16\sqrt{2})$ (3) $\dfrac{3}{2} + \dfrac{5}{8}\log 5$

問29.(1) $\sin^{-1}\dfrac{x}{\sqrt{2}} + C$ (2) $\dfrac{1}{\sqrt{3}}\tan^{-1}\dfrac{x}{\sqrt{3}} + C$ (3) $\tan^{-1}(x + 1) + C$
(4) $\sin^{-1}(x - 1) + C$

問30.(1) $\dfrac{\pi}{6}$ (2) $\dfrac{\pi}{4}$

問31.(1) $\dfrac{1}{2}\left(\tan^{-1}x + \dfrac{x}{1 + x^2}\right) + C$ (2) $\dfrac{1}{2}(\sin^{-1}x + x\sqrt{1 - x^2}) + C$

問33. $2\tan^{-1}(\sqrt{x^2 + x - 1} + x) + C$

問34.(1) $\tan^{-1}\sqrt{\dfrac{x - 1}{2 - x}} - \sqrt{(x - 1)(2 - x)} + C$ (2) $2\tan^{-1}\sqrt{\dfrac{x - 1}{2 - x}} + C$

問35.(1) $\dfrac{4}{3}$ (2) $\dfrac{1}{2}$ (3) 1 (4) 1 (5) -1 (6) π (7) π

第3章

問2.(1) 0 (2)0
問3. (与えられた関数を $f(x, y)$ として，順に $f_x, f_y, f_{xx}, f_{xy}, f_{yx}, f_{yy}$)

(1) $2xy^3,\ 3x^2y^2,\ 2y^3,\ 6xy^2,\ 6xy^2,\ 6x^2y$

(2) $ye^{xy},\ xe^{xy},\ y^2e^{xy},\ (1+xy)e^{xy},\ (1+xy)e^{xy},\ x^2e^{xy}$

(3) $\dfrac{2x}{x^2+y^2},\ \dfrac{2y}{x^2+y^2},\ \dfrac{2(y^2-x^2)}{(x^2+y^2)^2},\ -\dfrac{4xy}{(x^2+y^2)^2},\ -\dfrac{4xy}{(x^2+y^2)^2},$

$\dfrac{2(x^2-y^2)}{(x^2+y^2)^2}$

(4) $3x^2y^2\cos(x^3y^2),\ 2x^3y\cos(x^3y^2),\ 6xy^2\cos(x^3y^2)-9x^4y^4\sin(x^3y^2),$

$6x^2y\cos(x^3y^2)-6x^5y^3\sin(x^3y^2),\ 6x^2y\cos(x^3y^2)-6x^5y^3\sin(x^3y^2),$

$2x^3\cos(x^3y^2)-4x^6y^2\sin(x^3y^2)$

問 4. $\dfrac{d^3g}{dx^3}(x)=\dfrac{\partial^3 f}{\partial u^3}(x,x^2)+6x\dfrac{\partial^3 f}{\partial v\partial u^2}(x,x^2)+12x^2\dfrac{\partial^3 f}{\partial v^2\partial u}(x,x^2)$

$\quad+8x^3\dfrac{\partial^3 f}{\partial v^3}(x,x^2)+6\dfrac{\partial^2 f}{\partial v\partial u}(x,x^2)+12x\dfrac{\partial^2 f}{\partial v^2}(x,x^2)$

問 5. $\dfrac{\partial^2 g}{\partial x\partial y}(x,y)=2xy^3\dfrac{\partial^2 f}{\partial u^2}(xy^2,x^3y)+7x^3y^2\dfrac{\partial^2 f}{\partial v\partial u}(xy^2,x^3y)$

$\quad+3x^5y\dfrac{\partial^2 f}{\partial v^2}(xy^2,x^3y)+2y\dfrac{\partial f}{\partial u}(xy^2,x^3y)+3x^2\dfrac{\partial f}{\partial v}(xy^2,x^3y),$

$\dfrac{\partial^2 g}{\partial y^2}(x,y)=4x^2y^2\dfrac{\partial^2 f}{\partial u^2}(xy^2,x^3y)+4x^4y\dfrac{\partial^2 f}{\partial v\partial u}(xy^2,x^3y)$

$\quad+x^6\dfrac{\partial^2 f}{\partial v^2}(xy^2,x^3y)+2x\dfrac{\partial f}{\partial u}(xy^2,x^3y)$

問 7.(1) $(1,1)$ で極小値 -1

(2) $(\sqrt{2},2\sqrt{2}),\ (-\sqrt{2},-2\sqrt{2})$ で極大値 4

(3) $(1,-1)$ で極小値 -5

(4) $(-1,2)$ で極大値 -6

(5) $(1,1),(-1,-1)$ で極大値 e^{-1}, $(1,-1),(-1,1)$ で極小値 $-e^{-1}$

(6) $(1,1)$ で極大値 $\dfrac{1}{2}$, $(-1,-1)$ で極小値 $-\dfrac{1}{2}$

(7) $\left(\dfrac{1}{2},\dfrac{1}{2}\right),\ \left(-\dfrac{1}{2},-\dfrac{1}{2}\right)$ で極小値 $-\dfrac{1}{8}$, $\left(\dfrac{1}{2},-\dfrac{1}{2}\right),\ \left(-\dfrac{1}{2},\dfrac{1}{2}\right)$ で極大値 $\dfrac{1}{8}$

問 8. (順に最大値, 最小値) (1) $\dfrac{1}{2}e^{-1},\ -\dfrac{1}{2}e^{-1}$ (2) $\dfrac{3\sqrt{6}}{16},\ -\dfrac{3\sqrt{6}}{16}$ (3) $2,\ -2$

(4) $\dfrac{5}{2},\ -\dfrac{5}{2}$ (5) $3,\ -2$

問 9. (順に最大値, 最小値) (1) (ア) $\sqrt{4A^2+B^2},\ -\sqrt{4A^2+B^2}$

(イ) $\dfrac{1}{2}AB,\ -\dfrac{1}{2}AB$ (2) $\dfrac{8}{\sqrt[4]{2}},\ -\dfrac{8}{\sqrt[4]{2}}$ (3) $\dfrac{4}{\sqrt[4]{27}},\ -\dfrac{4}{\sqrt[4]{27}}$

問14. (順に最大値, 最小値) (1) $\sqrt{3}A$, $-\sqrt{3}A$ (2) $3A$, $-3A$ (3) $\dfrac{A^2}{\sqrt{2}}$, $-\dfrac{A^2}{\sqrt{2}}$

(4) $\dfrac{A^3}{3\sqrt{3}}$, $-\dfrac{A^3}{3\sqrt{3}}$

第4章

問1.(1) 3 (2) $\dfrac{1}{3}$ (3) $\dfrac{8}{3}$ (4) $\dfrac{3}{4}$ (5) 1 (6) $2\log 2 - \log 3$ (7) $\dfrac{4}{3}(3\sqrt{3} - 4\sqrt{2} + 1)$

(8) $e - 2 + e^{-1}$ (9) $1 - \sqrt{2}$ (10) $\pi - 2$

問2.(1) $\dfrac{1}{24}$ (2) $\dfrac{1}{6}$ (3) $\dfrac{1}{15}$ (4) $\dfrac{1}{35}$ (5) $1 - \dfrac{1}{2}\log 3$ (6) π (7) $\dfrac{1}{8}(e^2 - 1)$

(8) $\dfrac{1}{4}(e^2 + 1)$ (9) πa^2 (10) $\dfrac{a^4}{8}$ (11) $\dfrac{\pi a b^3}{4}$ (12) $\dfrac{2}{3}$

問3.(1) 18 (2) 3 (3) 8 (4) $\dfrac{1}{2}(5\log 2 - 3\log 3)$ (5) $(e-1)^3$ (6) -4

問4.(1) $\dfrac{1}{24}$ (2) $\dfrac{1}{3}$ (3) $\dfrac{1}{40}$ (4) $\dfrac{1}{6}$ (5) $\dfrac{1}{2}\left(\log 2 - \dfrac{5}{8}\right)$ (6) $\dfrac{\pi^2}{2} - 2$

(7) $\dfrac{4\pi a^3}{3}$ (8) $\dfrac{4\pi a^5}{15}$ (9) $\dfrac{\pi a^4}{16}$

問5.(1) πa^2 (2) $\dfrac{\pi a^4}{4}$ (3) $\dfrac{\pi a^6}{24}$ (4) $\dfrac{\pi}{\alpha + 1}a^{2\alpha + 2}$ (5) $\pi(1 - e^{-a^2})$

(6) $\alpha \neq -1$ のとき $\dfrac{\pi}{\alpha + 1}\{(a^2 + 1)^{\alpha + 1} - 1\}$, $\alpha = -1$ のとき $\pi\log(a^2 + 1)$

問6.(1) $\dfrac{2}{3}a^3$ (2) $\dfrac{1}{8}a^4$ (3) $\dfrac{2}{15}a^5$ (4) $\alpha \neq 1$ のとき $\dfrac{\pi}{1 - \alpha}(2^{2 - 2\alpha} - 1)$, $\alpha = 1$ の

とき $2\pi\log 2$

問7.(1) $\dfrac{4\pi a^3}{3}$ (2) $\dfrac{4\pi a^5}{15}$ (3) $\dfrac{4\pi}{2\alpha + 3}a^{2\alpha + 3}$

問8.(1) $\dfrac{\pi a^4}{4}$ (2) $\dfrac{2a^5}{15}$ (3) $\dfrac{a^6}{48}$ (4) $\alpha \neq \dfrac{3}{2}$ のとき $\dfrac{4\pi}{3 - 2\alpha}(2^{3 - 2\alpha} - 1)$, $\alpha = \dfrac{3}{2}$

のとき $4\pi\log 2$

問9.(1) $\dfrac{12\pi}{7}$ (2) $\dfrac{4}{15}a^5$ (3) $\dfrac{16}{3}a^3$ (4) $\dfrac{\pi}{2}$ (5) $\dfrac{128}{9}$ (6) $\dfrac{32}{3}$ (7) $\pi(3\log 3 - 2)$

(8) $\dfrac{1}{12}$ (9) $\dfrac{1}{2}$ (10) $\dfrac{\pi}{2}$

問10.(1) $\sqrt{5}\pi$ (2) $8\pi^2$ (3) $\dfrac{\pi}{2}(e^2 + 4 - e^{-2})$ (4) $4\pi\{\sqrt{2} + \log(\sqrt{2} + 1)\}$

(5) $\pi(\pi + 2)$ (6) $2\sqrt{2}\pi\{\sqrt{2} + \log(\sqrt{2} + 1)\}$

問11. ($f(t), g(t)$ を $[a, b]$ で定義された C^1 級関数として)

$$A = 2\pi \int_a^b |f(t)|\sqrt{\{f'(t)\}^2 + \{g'(t)\}^2}\,dt$$

問12.(1) $\dfrac{2\pi}{3}(2\sqrt{2}-1)$ (2) $\dfrac{1}{3}(2\sqrt{2}-1)$ (3) $\dfrac{1}{2}(e-2+e^{-1})$

第5章

問1.(1) Ce^{2x} (2) $2+Ce^x$ (3) $-\dfrac{1}{x+C}$, 0 (4) Ce^{x^3} (5) Cx (6) $x^2+y^2=C$

(7) $\dfrac{1+Cx^2}{1-Cx^2}$, -1

問2.(1) $2e^x-1$ (2) $-3e^{1-x}$ (3) $\sqrt{2x+4}$

問3. $x=-\dfrac{mg}{k}t+C_1e^{-\frac{kt}{m}}+C_2$

問4. $40000\log_3 10$ 年

問5. $6\log_2 10$ 時間後

問6.(1) $x(\log|x|+C)$ (2) $-x+Cx^2$ (3) $x+\dfrac{C}{x}$ (4) $\pm x\sqrt{2\log|x|+C}$

(5) $\pm x\sqrt{Cx^2-1}$ (6) $y^2+2xy-x^2=C$

問7.(1) $\dfrac{1}{2}e^x+Ce^{-x}$ (2) $-x-1+Ce^x$ (3) $e^{-x}+Ce^{-2x}$

(4) $\sin x+\dfrac{\cos x}{x}+\dfrac{C}{x}$ (5) x^3+Cx (6) $\dfrac{1}{x^2}+\dfrac{C}{x^3}$

問8.(1) $C_1e^{\sqrt{2}x}+C_2e^{-\sqrt{2}x}$ (2) $C_1\cos 2x+C_2\sin 2x$ (3) $C_1e^x+C_2xe^x$

(4) $C_1e^x+C_2e^{-2x}$ (5) $C_1e^{-3x}+C_2xe^{-3x}$

(6) $C_1e^{\frac{x}{2}}\cos\left(\dfrac{\sqrt{3}}{2}x\right)+C_2e^{\frac{x}{2}}\sin\left(\dfrac{\sqrt{3}}{2}x\right)$

問9.(1) $e^{-x}+e^{-2x}$ (2) $-e^{2x}+3xe^{2x}$ (3) $e^x\cos x-e^x\sin x$

問10. λ^2-4mk が正, 0, 負の場合に分ける.

問11.(1) $C_1\cos x+C_2\sin x+\dfrac{1}{2}e^x$ (2) $C_1e^x+C_2e^{-x}+\dfrac{1}{3}e^{2x}$

(3) $C_1e^{-2x}+C_2xe^{-2x}+e^{-x}$ (4) $C_1e^{2x}+C_2e^{-2x}-\dfrac{1}{5}\cos x$

(5) $C_1e^{-x}+C_2e^{2x}+\dfrac{1}{10}(\cos x-3\sin x)$ (6) $C_1e^x\cos x+C_2e^x\sin x+x+1$

(7) $C_1e^x+C_2xe^x+x^2+4x+6$

問12. $\omega\neq\sqrt{\dfrac{k}{m}}$ のとき

$$x=C_1\cos\left(\sqrt{\dfrac{k}{m}}t\right)+C_2\sin\left(\sqrt{\dfrac{k}{m}}t\right)+\dfrac{F}{k-m\omega^2}\cos\omega t,$$

$\omega=\sqrt{\dfrac{k}{m}}$ のとき

$$x = C_1 \cos\left(\sqrt{\frac{k}{m}}t\right) + C_2 \sin\left(\sqrt{\frac{k}{m}}t\right) + \frac{F}{2m\omega}t\sin\omega t$$

問13.(1) $\pm\sqrt{2e^{-x}+Ce^{-2x}}$ (2) $\dfrac{1}{(C-x)e^x}$,0   (3) $\pm\sqrt{x+Cx^{-1}}$

(4) $\pm\dfrac{1}{\sqrt{-2x+2+Ce^{-x}}}$,0

問14.(1) $\dfrac{C_1}{x}+C_2x^2$ (2) $C_1x+C_2x\log x$ (3) $C_1x\cos(\log x)+C_2x\sin(\log x)$

問15.(1) $C_1x^2+C_2x^2\log x+x$ (2) $C_1x+\dfrac{C_2}{x^2}-\dfrac{1}{2x}$

(3) $C_1\cos(\log x)+C_2\sin(\log x)+\log x$

第6章

問1.(1) 0 (2) 0 (3) 0 (4) 1

問3.(1) 収束 (2)発散 (3)収束 (4)収束 (5)収束 (6)発散 (7)収束 (8)収束

索 引

著 者 所 属

榊　　真　　弘前大学大学院理工学研究科

微分積分入門

1998 年 4 月 1 日	第 1 版　第 1 刷　発行	
2000 年 4 月 10 日	第 2 版　第 1 刷　発行	
2023 年 3 月 30 日	第 2 版　第 5 刷　発行	

著　　者　　榊　　　　真

発 行 者　　発 田 和 子

発 行 所　　株式会社　学術図書出版社

〒113-0033　東京都文京区本郷 5 丁目 4 の 6
TEL 03-3811-0889　振替 00110-4-28454
印刷　（株）かいせい

定価はカバーに表示してあります.

© 1998, 2000　M. SAKAKI　Printed in Japan
ISBN978-4-7806-1128-1　C3041